JN059133

構　　成	
教科書の整理	教科書のポイントをわかりやすく整理し，**重要語句**をピックアップしています。日常の学習やテスト前の復習に活用してください。 発展的な学習の箇所には **発展** の表示を入れています。
実験・探究のガイド	教科書の「**実験**」や「**探究**」を行う際の留意点や結果の例，考察に参考となる事項を解説しています。準備やまとめに活用してください。
問のガイド	教科書の問いを解く上での重要事項や着眼点を示しています。解答の指針や使う公式は **ポイント** を，解法は **解き方** を参照して，自分で解いてみてください。
章末問題のガイド	問のガイドと同様に，章末問題を解く上での重要事項や着眼点を示しています。
思考力を鍛えるのガイド	教科書の各章末の「**思考力を鍛える**」に取り組む際の思考力・判断力のもとになる事項を解説しています。

⚠ ここに注意 … 間違いやすいことや誤解しやすいことの注意を促しています。

👀もっと詳しく … 解説をさらに詳しく補足しています。

📓テストに出る … 定期テストで問われやすい内容を示しています。

目　次

序章　化学の特徴

教科書の整理

A 身近な物質を調べる　—砂糖と食塩—

●**身近な物質の区別**　化学の実験では，砂糖や食塩のようなものばかりではなく，有害な物質や危険な物質も扱う。このような物質を調べるときには，以下のような方法が考えられる。

・水溶液の性質を調べる(電気を通すか，pH はどのような値かなど)。
・加熱し，発生する物質を調べる(気体を石灰水に通すなど)。
・水への溶けやすさを調べる。
・物質自体の形状を調べる。
・温度による状態変化(気体・液体・固体の状態)を調べる。

B 探究の進め方

①**課題の設定**
　実験に対する問いを立てる。疑問に思うことや知りたいことなどをもとにすると良い。

②**仮説の設定**
　①で立てた課題に対し，図書館やインターネットなどで収集した情報をもとに，仮の答えである仮説を設定する。

③**観察・実験の計画**
　仮説が正しいかどうかを確かめるため，観察や実験をどのような条件・手順で行うかを計画する。

④**観察・実験**
　③において考えた実験の注意点に留意して実験を行い，図やノートにまとめて記録する。

⑤**結果の整理**
　観察や実験の結果を，表やグラフ，箇条書きなどで記録する。対照実験の場合は，実験の操作ごとにまとめるとよい。

⑥**考察と検証**
　⑤の結果がどうして起こったのかを考え，②の仮説の結果と比べる。

⚠ここに注意
保護眼鏡をかけたり，ドラフトを用いて換気するなど，必要に応じた対策をする。

🔍もっと詳しく
探究しているといえるためには，本来は自分で問いを立てることが必要。自分なりの問いを見つけて，課題設定をすることが出発点になる。

⑦報告書の作成

　実験の考察を図やグラフなどを用いて，ほかの人でも同じ結果の実験を行えるようにまとめる。このとき，以下の点を中心にまとめるとよい。

・実験の目的　　　・仮説　　　　・実験の準備
・実験の操作　　　・実験結果　　・考察
・今後の課題　　　・参考文献

⑧発表

　ポスター発表や口頭発表などで発表することで，考えをまとめ表現する。また，会場からの質問で，新たな課題が見つかるなどして，自分の考えや課題が新たに更新されて，探究の過程をくりかえし，次の段階に高めてゆくことができる。

⑨観察・実験の注意事項

　観察や実験では，実験の内容を十分に理解し，後片付けまで慎重に行う。実験中に事故が起こった場合は，以下のように対応する。

・引火した場合：燃えやすいものを遠くに移し，ぬれ雑巾や消火器で火を消す。
・切り傷をした場合：刺さったガラスの破片などを取り除き，傷の部分を消毒する。
・やけどをした場合：やけどの部分をすぐに冷水で冷やす。
・実験の試薬に触れた場合：すぐに多量の水で洗い流す。

⑩グラフのかき方

　グラフをかくときは，縦軸と横軸で何を表すかを決め，単位を決める。次に，実験で計測した値をもとに点を打ち，線の上下に点がほぼ同じ数だけ来るように，なめらかな曲線または直線で線を引く。

C　化学の特徴

●化学の特徴　高校理科での化学では，物質について学び，物質の成り立ち(組成・構造)，物質がどのような性質をもっているか(性質)，物質はどのように変化するか(反応)について学び調べる。このようにして，身近な物質のつくり方・活用について知ることができる。

もっと詳しく

大きな流れは，次のようになる。

課題の設定
↓
情報の収集
↓
整理・分析
↓
まとめ・表現

これをくりかえして，新たな段階に進んでいくことになる。

教科書の整理　序章

実験・探究のガイド

教科書 **p.5** | **探究問題** | **1. 砂糖水と食塩水を区別する**

　砂糖と食塩について中学校で学んだことを思い出し，2つの水溶液を区別するための方法について，情報を収集せよ。

Ⅰ. 方法を，各自で考えた後，グループで話し合う。

Ⅱ. 書籍やインターネットなどで調べてみる。

・書籍の例：化学事典，理化学辞典など

・インターネットの検索例：砂糖水　食塩水　見分け方

（考察）調べたことを表に整理せよ。

区別する方法	砂糖水	食塩水
各水溶液の電気伝導性を調べる		
各水溶液を乾燥させ顕微鏡で観察する		
各水溶液に硝酸銀水溶液を加える		
各水溶液をろ紙にしみ込ませ，ガスバーナーの炎の中に入れる		
……		

ポイント 　**区別する方法が，物質のどのような性質によるのかを考える。**

解き方 各水溶液を乾燥させ顕微鏡で観察する操作は，食塩と砂糖の結晶の形を調べている。

　硝酸銀水溶液は，食塩や砂糖に塩素 Cl が含まれているかを調べる操作である。塩素 Cl が含まれている場合は白色沈殿ができる。

答　（考察）（例）

区別する方法	砂糖水	食塩水
各水溶液の電気伝導性を調べる	電気を通さない	電気を通す
各水溶液を乾燥させ顕微鏡で観察する	はっきりとした結晶は観察できない	立方体の結晶が観察できる
各水溶液に硝酸銀水溶液を加える	特に変化はなかった	白色沈殿が生じた
各水溶液をろ紙にしみ込ませ，ガスバーナーの炎の中に入れる	紙が黒く焦げた	炎が黄色に変化した
各水溶液を加熱する	とけたあめ状になり，黒く焦げる	白い小さな結晶ができる

教科書 p.6	🧪 探究	1. 砂糖水と食塩水を区別する	関連：教科書 p.5

計画 の留意点

1．電流計のマイナス端子は，最初は一番大きな電流まで測ることができる端子に
つなぐようにする。針が動かない場合は，小さな電流を測る端子につなぎ変える。

2．電流計のプラス端子は電源装置のプラス極につながる導線に，電流計のマイナ
ス端子は電源装置のマイナス極につながる導線につなげるようにする。

3．実験では，実験に使用する液体を口に入れたり，むやみに扱わないようにする。

4．砂糖水と食塩水は，なめて区別できるが，ここでは「味以外で」と課題が与え
られている。物質によっては毒性があるなどの可能性があるため，味で調べるこ
とができないとして，ここでは化学的な操作で区別する実験を考える。

操作 のガイド

　②で，スライドガラスの水分を蒸発させるとき，ガスバーナーで強く加熱しては
ならない。強く加熱すると，砂糖の分子のつながり方や組み合わせが変化して，ね
ばり気のある液体となり色づいて，冷めてもあめ状のかたまりになる。さらに加熱
すると焦げてカラメルになったり，黒い固体(炭素)になったりして，固体の形が観
察できない。溶液は室温で放置するか，おだやかにあたためるとよい。

結果 （例）

	Aの水溶液	Bの水溶液
①	電流計の針は振れた	電流計の針は振れなかった
②	固体の形は立方体になった	固体の形は立方体にならなかった

考察 のガイド

考察　結果より，A，Bどちらの水溶液が食塩水かを区別する。区別ができな
い場合は，どの実験操作に問題があったか，考える。

(例)Aの水溶液が食塩水

　操作①の結果から，Aの水溶液には電気伝導性があり，Bの水溶液には電気伝導
性がなかった。食塩(塩化ナトリウム)は電解質なので，その水溶液は電気を通す。
また，操作②の結果から，Aの固体の形は立方体の形状であり，Bの固体の形は立
方体ではなかった。食塩の結晶は立方体である。これらのことから，Aの水溶液が
食塩水であるといえる。

(区別ができない場合の例)

　操作②において固体が析出しない場合が考えられる。これを防ぐため，水溶液は
飽和するまで溶質を溶かすようにするとよい。

第1部 物質の構成

第1章 物質の構成

教科書の整理

第❶節 純物質と混合物

教科書 p.12〜19

A 純物質と混合物

❶ 純物質と混合物の性質

純物質　1種類の物質だけからできたもの。融点や沸点が，物質ごとに決まっている。

　　純物質の例：酸素 O_2，塩化水素 HCl

混合物　2種類以上の純物質が混じり合ったもの。混じり合う物質の種類や割合によって性質が異なる。

　　混合物の例：海水，空気，塩酸(塩化水素 HCl の水溶液)

沸点　液体が沸騰して気体になる温度。

融点　固体がとけて液体になる温度。

密度　単位体積($1\,cm^3$)当たりの物質の質量。

B 物質の分離・精製法

分離　混合物の中から，目的の物質を取り出す操作。

精製　不純物を取り除き，純度の高い(高純度な)物質を取り出す操作。

分離・精製の方法

①**ろ過**　固体と液体が混ざった混合物を分離する操作。ろ過のときは，ろ紙を使うことが多く，ろ紙を通過した液体をろ液という。

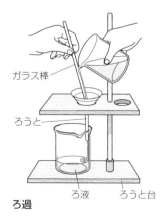

ガラス棒

ろうと

ろ液　　ろうと台

ろ過

> **⚠ここに注意**
> ろ過をするときは以下に注意する。
> ・試料液を注ぐときは，ガラス棒を伝わらせて注ぐようにする。
> ・試料液を注ぐときは，ろうとの先をビーカーの内壁につける。

教科書の整理 第1章

②**再結晶** 温度などによる溶解度の変化を利用して不純物を取り除き，より純度の高い結晶として取り出す操作。

③**蒸留** 沸点の違いを利用して，液体どうしの混合物を分離する操作。混合物を加熱して沸騰させ，発生した蒸気を冷却して液体に戻すことで，液体の混合物を分離できる。

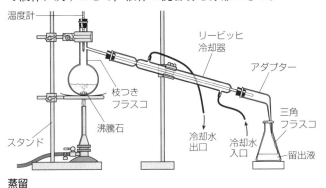

温度計
リービッヒ冷却器
アダプター
枝つきフラスコ
三角フラスコ
沸騰石
スタンド
冷却水出口
冷却水入口
留出液

蒸留

👀もっと詳しく

蒸留で注意すること
・試料液は，枝付きフラスコの半分以下だけ注ぐ。
・突沸(急激に沸騰すること)を防ぐために，加熱前に試料液に沸騰石を入れる。
・温度計の先端は，枝付きフラスコの枝(の付け根)の位置に合わせる(気体に変化した蒸気の温度を測るため)。
・リービッヒ冷却器の水は下から入れて上に出す(上図)。
・三角フラスコは密閉しない。

---

④**分留(分別蒸留)** 沸点の異なる2種類以上の液体が混じった混合物を蒸留によって分別する操作。

教科書 p.15 📎参考 原油の分留

原油(産出されたままの状態の石油)は，製油所にある精留塔で石油ガス・ガソリン・灯油などに分留される。精留塔の内部には，いくつもの段のトレーがあり，沸点の低い物質ほど上部のトレーに，沸点の高い物質ほど下部のトレーに入るため，原油から分留できる。

⑤**昇華法** 固体から液体にならずに直接気体になる変化を昇華という。この昇華しやすい物質(ヨウ素など)を分離する方法を昇華法という。

⑥**抽出**　溶媒(物質を溶かす液体)の種類による溶解度の違いを利用し，混合物から目的の物質を溶かし出して分離する操作。

⑦**クロマトグラフィー**　ろ紙などへの吸着力の違いを利用した分離方法。ろ紙を用いる場合はペーパークロマトグラフィーという。

教科書 p.17　参考　**その他のクロマトグラフィー**

カラムクロマトグラフィー　シリカゲルなどの粉末をガラス管に詰めて行うクロマトグラフィー。

ガスクロマトグラフィー　混合物を気体にし，ヘリウムなどの気体とともに吸着剤の中を移動させて分離する操作。

第 2 節　物質とその成分

教科書 p.20〜27

A　元素と化合物・単体

❶ 元素と元素記号

　元素　物質を構成する原子の種類。

　元素記号　元素を表すときに用いる記号。

❷ 化合物と単体

　化合物　2種類以上の元素からなり，2種類以上の物質に分解できる純物質。

　　化合物の例：塩化ナトリウム NaCl

　単体　1種類の元素からなり，これ以上別の物質に分解できない純物質。

　　単体の例：水素 H_2，ナトリウム Na

❸ 単体と元素　単体は実際に存在する物質を表すが，元素は物質の構成成分を表す。

❹ 同素体　同じ種類の元素からできているが，性質が異なる単体。炭素 C，酸素 O，硫黄 S，リン P に存在する。

　　炭素 C の同素体：ダイヤモンド，黒鉛，フラーレン

　　酸素 O の同素体：酸素，オゾン

　　硫黄 S の同素体：斜方硫黄，単斜硫黄，ゴム状硫黄

　　リン P の同素体：黄リン(白リン)，赤リン

もっと詳しく
同素体は SCOP (スコップ)で覚える。

B 成分元素の検出

❶ 炎色反応による検出

炎色反応 ある種の元素を含む物質を炎の中に入れると，その元素に応じて炎の色が変わる現象。

元素	リチウム Li	ナトリウム Na	カリウム K	カルシウム Ca	ストロンチウム Sr	バリウム Ba	銅 Cu
炎の色	赤	黄	赤紫	橙赤	深赤(紅)	黄緑	青緑

❷ 塩素 Cl の検出
塩素を含む水溶液を硝酸銀($AgNO_3$)水溶液に入れると，塩化銀 $AgCl$ の白色沈殿ができる。

❸ 炭素 C の検出
特定の反応により気体(二酸化炭素 CO_2)が発生。発生した気体を石灰水に通すと石灰水が白濁する。このとき，炭酸カルシウム $CaCO_3$ の白色沈殿が生じる。

❹ 水素 H の検出
特定の反応により液体(水 H_2O)が発生。

・生成した液体を硫酸銅(Ⅱ)無水物 $CuSO_4$ に触れさせると青色に変化する。この変化で生成するのは硫酸銅(Ⅱ)五水和物 $CuSO_4 \cdot 5H_2O$ である。

・発生した液体を塩化コバルト紙に触れさせると青色から赤色に変化する。

> **⚠ ここに注意**
> 溶媒に溶けずに濁ったり底に沈んだりする固体を沈殿という。

> **👀 もっと詳しく**
> 石灰水は水酸化カルシウムの飽和水溶液。

第❸節 粒子の熱運動と物質の三態
教科書 p.28〜31

A 粒子の熱運動

❶ 拡散
物質の構成粒子が自然に散らばり，濃度が均一になっていく現象。

❷ 熱運動
物質の構成粒子が行う不規則な運動。温度が高くなるほど熱運動は活発になる。拡散は熱運動によって起こる。

❸ 絶対温度
熱運動のエネルギーの大きさを表す尺度。単位はケルビン(記号：K)で，$-273℃$(絶対零度)を 0 K とする。

> **⚠ ここに注意**
> 絶対零度 0 K より低い温度はない。

■ **重要公式**

T(絶対温度：K)$=273+t$(セルシウス温度：℃)

絶対零度 物質をつくるすべての粒子が熱運動をしなくなる温度。このときの温度は，$-273℃$($=0$ K)。

B 物質の状態変化と三態

❶ 物質の三態 物質が温度によって変化する，固体・液体・気体の3つの状態。物質が3つの状態を示すのは，粒子どうしが互いに引き合う力と熱運動で離れようとする力の大きさの関係が変化するためである。

❷ 状態変化 物質の三態が，温度や圧力によって相互に変化すること。

- **融解**：固体→液体の変化
- **凝固**：液体→固体の変化
- **蒸発**：液体→気体の変化
- **凝縮**：気体→液体の変化
- **昇華**：固体→気体の変化
- **凝華**：気体→固体の変化

　物理変化 物質自体は変化しないが，物質の状態(三態など)だけが変化すること。

　化学変化 物質をつくる粒子の種類の組み合わせが変化し，別の物質に変化すること。

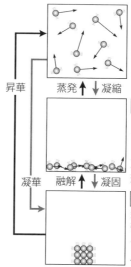

気体 | 昇華 | 蒸発 ↑ ↓ 凝縮

気体
熱運動が激しく，粒子間の引力の影響が小さいため，粒子は自由に運動する。
体積や形は一定しない。

液体
熱運動は激しいが，粒子は互いに引き合いながら運動し，位置を変える。
一定の体積を保つが，形は一定しない。

凝華 | 融解 ↑ ↓ 凝固

固体
粒子間の引力の影響が強く，粒子は位置を変えずに熱運動(振動)をしている。
体積や形は一定に保つ。

物質の三態と粒子の熱運動

❸ 融点と沸点

　沸騰 液体を加熱したときに，液体の内部からも蒸発が起こって気泡が生じる現象。

　融点 固体が融解し，液体になっていくときの温度。

　沸点 液体が沸騰し，気体になっていくときの温度。

もっと詳しく
純物質が融解(蒸発)するとき，物質の状態がすべて変化し終えるまでは，一定の融点(沸点)に保たれる。

実験・探究のガイド

教科書 p.18～19 🧪 **探究** **2. 混合物の分離** 関連：教科書 p.14～17

操作 の留意点

1．操作③で固形物を完全に燃焼させても，有機物からできた不純物が黒い塊として残る。

2．操作④，⑤では，蒸発皿やろ紙などに残った塩化ナトリウムを洗い流し，ろ液に含まれるようにしている。

結果 のガイド

（例）

種類	濃口醤油	薄口醤油	減塩醤油
試料の質量〔g〕	12.3	12.0	12.2
塩化ナトリウムの質量〔g〕	2.05	2.17	1.06
含有率(%)	16.7	18.1	8.69

考察 のガイド

考察 ① 操作③は醤油中のどのような成分を取り除くために行ったか。

② 実験で求めた塩化ナトリウムの含有率と，成分表示による含有率とを比較して，誤差がどの程度あるか求めよ。

③ ②より，行った実験操作で，市販の醤油中の塩化ナトリウムの含有率を正しく求めることができたといえるか。
また，誤差が大きい場合は，その理由を考えよ。

④ 濃口や薄口，減塩などの醤油の種類によって，含まれる塩化ナトリウムの含有率にどのような違いがあるか。

① （例）塩化ナトリウム以外の燃えやすい固形物
塩化ナトリウム（食塩）は融点が高いため，燃焼しない一方で，それ以外の物質は燃焼しやすい。ただし，炭などの不純物が残る。

② （例）成分表示によって求められる含有率よりも少し低い値が求められた。
求められた含有率は，塩化ナトリウムを完全に取り出しきれずに成分表示よりも低い値が出たり，不純物が含まれて高い値が出たりすることもある。

③ （例）市販の醤油に表示された塩分含有率と誤差が小さいため，醤油中の塩化ナトリウムの含有率を正しく求められたといえる。

（誤差が大きい理由の例）

・操作③において，塩化ナトリウム以外の成分を燃焼しきれていなかったため。

・操作⑤において，塩化ナトリウムをよく洗い流していなかったため。

④　含まれる塩化ナトリウムの含有率は，薄口醤油＞濃口醤油＞減塩醤油の順番に大きい。

| 教科書 p.19 | 探究問題 | **2. 混合物から純物質を分離・精製する** |

〈探究2〉では，醤油に含まれる塩化ナトリウムを次図に示したように，分離して，その質量を測定した。図の1〜4にあてはまる操作を説明せよ。また，図中の値を用いて，醤油中の塩化ナトリウムの含有率（％）を計算せよ。

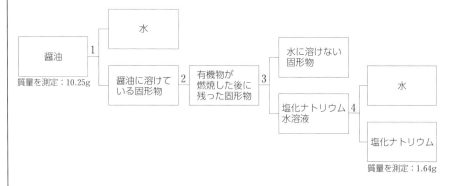

ポイント　**塩化ナトリウムは温度による溶解度の変化がほとんどないので，水を蒸発させて結晶を取り出す。**

解き方　図の1〜4にあてはまる操作と〈探究2〉の①〜⑥の操作は，1－②，2－③，3－④⑤，4－⑥のように対応している。これを説明する。

　　　醤油中の塩化ナトリウムの含有率は，塩化ナトリウムの質量パーセント濃度の計算，$\dfrac{塩化ナトリウムの質量}{醤油の質量} \times 100$　で求められる。

答　1…蒸発皿に入れて加熱し，水を蒸発させる。

　　2…ガスバーナーで強熱し，燃えやすい有機物を燃焼させる。

　　3…残った固形物に純水を加えてよく混ぜ，得られた液体をろ過する。

　　4…ろ過して得られたろ液を加熱し，水を蒸発させる。

塩化ナトリウムの含有率：**16.0％**

教科書 p.23 🧪 **実　験** 　1. 炎色反応

準備 の留意点

1．炎色反応では，加熱した試料が外炎の中で原子やイオンの状態になって特定のスペクトルが観察される。ガスバーナーの温度では金属単体である銅線などを使用しても，その炎色反応はうまく観察できない。

2．このため，試料には金属塩化物や硝酸塩など，金属単体よりも沸点の低い化合物が用いられる。

操作 の留意点

1．操作②では，実験の前から白金線についていた物質を洗い流す意図がある。これにより，白金線にもともとついていた物質の影響で炎色反応が起こるということを防ぐことができる。

2．濃塩酸の扱いには十分に注意する。もし身体に付着した場合は，すぐに大量の水で洗い流すようにする。

3．カリウムの炎色反応などでは，不純物として含まれるナトリウムの炎色反応で発生する色の光を減らすために，フィルターとしてコバルトガラスの板を用いることがある。

教科書 p.26～27 🧪 **探　究** 　3. 身近な物質の成分元素の検出　　関連：教科書 p.23～25

操作 の留意点

1．二また試験管の使い方に注意する。二また試験管では，くびれがある方に固体を入れ，もう一方に液体を入れる。この上で，試験管を傾け，液体を固体の方に少しずつ注ぐ。

2．操作②で，重曹を入れた試験管の口を少し下げるようにして取り付ける。これには，加熱によって生成した液体が，加熱部分に流れ込まないようにする意図がある。

3．操作③では，石灰水が逆流することを防ぐために，ガラス管を石灰水から抜いてから火をとめる。

結果 のガイド

結果　① ①，③で，石灰水はどのように変化したか。
　　　　② ③で液体が触れたとき硫酸銅(Ⅱ)無水物の色はどのように変化したか。
　　　　③ ④，⑤でそれぞれ何色の炎が見られたか。

1　(例)操作①，③ともに，石灰水は白濁した。(白色沈殿が生じた。でも可)

2　(例)硫酸銅(II)無水物の色が，白色から青色に変化した。

　この変化は，白色の硫酸銅(II)無水物 $CuSO_4$ が，水に触れて青色の硫酸銅(II)五水和物 $CuSO_4 \cdot 5H_2O$ に変化したことによって起こっている。

3　(例)操作④では橙赤色の炎が，操作⑤では黄色の炎がみられた。

　この炎色反応は，大理石の主成分である炭酸カルシウム $CaCO_3$ にはカルシウムが，重曹の主成分である炭酸水素ナトリウム $NaHCO_3$ にはナトリウムが含まれていることによる。

考察 のガイド

考察　1　①，③の石灰水の変化から，発生した気体は何と考えられるか。

　　　　2　③の硫酸銅(II)無水物の色の変化から，試験管の口に近い部分に生じた液体は何と考えられるか。

　　　　3　**結果** から，大理石と重曹の成分として考えられる元素をまとめよ。

1　二酸化炭素

　石灰水に通したところ白濁したという反応が，発生した気体が二酸化炭素であることを表している。このため，炭素の検出を行うことができる。

2　水

　硫酸銅(II)無水物が青色に変化する反応から，水素の検出を行うことができる。

3　大理石：炭素，カルシウム

　重曹：炭素，水素，ナトリウム

　結果1より，大理石にも重曹にも炭素が含まれていると考えられる。結果2より重曹には水素が含まれていると考えられ，結果3からは大理石にはカルシウムが，重曹にはナトリウムが含まれていると考えられる。

教科書 p.27　**探究問題**　**3. 身近な物質に含まれる成分元素の検出**

白色固体である砂糖(主成分はスクロース)と融雪剤(主成分は塩化カルシウム)がある。それぞれ次の(1)〜(4)の成分元素を含んでいる。

　　　砂糖　…(1)　炭素　C　　　　(2)　水素　H　　　(ほかに酸素 O も含む)

　　　融雪剤…(3)　塩素　Cl　　　(4)　カルシウム　Ca

1　(1)〜(4)の元素を検出するためにそれぞれどのような操作を行えばよいか，実験を計画せよ。ただし，初めに次の(A)または(B)のどちらかの操作を行うこと。

　　(A)　水に溶かす。　　　　(B)　酸化銅(II)を加えて完全燃焼させる。

2　(1)～(4)の元素は，それぞれどのような実験結果によって確認できるか説明せよ。

解き方　各元素の検出法を使うには，どのような物質を発生させればよいか考える。

答 1(1)　酸化銅(Ⅱ)を加えて完全燃焼させ，発生した気体を石灰水に通す。

(2)　酸化銅(Ⅱ)を加えて完全燃焼させ，生成した液体を硫酸銅(Ⅱ)無水物に触れさせて色の変化を観察する。

(3)　融雪剤を水に溶かし，これに硝酸銀水溶液を加えたときの反応を見る。

(4)　融雪剤を水に溶かし，水溶液を白金線の先につける。この白金線をガスバーナーの外炎に入れて，炎の色を見る。

2(1)　石灰水が白濁する。(白色沈殿が生じる。でも可)

(2)　硫酸銅(Ⅱ)無水物の色が，白色から青色に変化する。

(3)　白色沈殿が生じる。

(4)　炎の色が，橙赤色になる。

教科書 p.31 🧪 **実 験** 2. 物質の三態

Ⅰ．2-メチル-2-プロパノール(*t*-ブチルアルコール)の状態変化

操作 の留意点

1．操作②では，2-メチル-2-プロパノールが気体になったときに袋から漏れないように固くとめる。

2．2-メチル-2-プロパノールは，融点が26℃で沸点が83℃であるため，状態変化が観察しやすい。操作③～⑤では，状態変化によって体積がどのように変化したのかも観察する。

Ⅱ．ヨウ素の昇華

操作 の留意点

1．ヨウ素は素手で触らないようにする。もし触れてしまったら，すぐに大量の水で洗い流すようにする。

2．ヨウ素の気体は危険であるから，吸い込まないように注意する。

問のガイド

教科書 p.13
問 1

次の各物質を純物質と混合物に分類し，番号で答えよ。
(1) 金　　　　(2) 水素　　　　(3) 砂糖水　　　　(4) 水酸化ナトリウム
(5) 塩酸　　　(6) 炭酸水素ナトリウム　　　　(7) アンモニア水

ポイント

> 純物質は1種類の物質のみでできたもの，
> 混合物は2種類以上の物質が混ざったもの。

解き方 (3) 砂糖水は，砂糖と水の2つの物質が混じったもの。
(5) 塩酸は，塩化水素が水に溶けたもの。つまり，2種類の物質が混ざっている。
(7) アンモニア水は，アンモニアが水に溶けたもの。つまり，2種類以上の物質が混じっている。

答 純物質…(1)，(2)，(4)，(6)　　　混合物…(3)，(5)，(7)

教科書 p.17
問 2

次の混合物から（　）内の物質を分離するのに適した操作名を答えよ。
(1) 食塩水（水）　　　　　　　(2) ヨウ素とガラス片の混合物（ヨウ素）
(3) 液体空気（酸素）　　　　　(4) 砂の混じった水（砂）
(5) 少量の塩化ナトリウムを含む硝酸カリウム（硝酸カリウム）

ポイント

> 物質のどのような性質を使って分けるのかに注目する。

解き方 (1) 食塩（塩化ナトリウム）と水では，水のほうがより蒸発しやすい。また，食塩水では分離する液体は水だけだから，蒸留が適している。
(2) ヨウ素は，昇華しやすい性質をもつ。そのため，ヨウ素のみを昇華させて再び気体に戻す操作である昇華法が適している。
(3) 液体の空気には，液体となっている物質が窒素・酸素・二酸化炭素など2種類以上存在する。よって，2種類以上の液体を含む混合物を蒸留によって分離する分留が適している。
(4) 砂の混じった水は，砂という固体と水という液体が混じった混合物である。よって，ろ紙を使って固体を分離するろ過が適している。
(5) 硝酸カリウムは，温度によって溶解度の変化が大きい物質である。一方で，塩化ナトリウムは温度による溶解度の変化が小さい物質である。よって，再結晶によって硝酸カリウムを結晶として取り出すのが適して

いる。

答(1)　蒸留　　(2)　昇華法　　(3)　分留　　(4)　ろ過　　(5)　再結晶

教科書
p.21

問 3

次の文中の下線部は，単体，元素のどちらを表しているか答えよ。
(1)　砂糖は，炭素や水素，酸素からなる物質である。
(2)　乾燥空気の体積の約78%は窒素である。
(3)　骨にはカルシウムが含まれている。

ポイント

> 単体のときは，実際に存在する物質を表す。
> 元素のときは，物質の構成成分を表す。

解き方(1)　文章では，砂糖を構成する成分を表している。そのため，炭素は砂糖という物質の構成成分である元素を表している。
(2)　文章では，空気という混合物に含まれている物質を説明している。つまり，空気の中には窒素という物質が単体で存在している。
(3)　文章では，骨を構成する成分を表している。そのため，カルシウムは骨を構成する成分だから元素である。

答(1)　元素　　(2)　単体　　(3)　元素

教科書
p.30

問 4

次の変化は物理変化，化学変化のどちらを表しているか，それぞれ答えよ。
(1)　炭を燃やした。　　(2)　ドライアイスが気体になった。
(3)　ビーカーに入れた水を加熱すると，水の量が減った。
(4)　塩酸と水酸化ナトリウム水溶液を混合すると，塩化ナトリウムが生じた。

ポイント

> 物理変化は，物質の状態だけが変わること。
> 化学変化は，もとの物質が別の物質に変わること。

解き方(1)　炭を燃やしたとき，含まれる物質は酸素と結びついて別の物質になる。
(2)　ドライアイスが気体になったとき，これは二酸化炭素が昇華して固体から気体になった変化を示す。
(3)　ビーカーに入った水を加熱して量が減ったとき，水は蒸発して液体から気体になる変化をしている。
(4)　塩酸に含まれる塩化水素と水酸化ナトリウムは，ともに塩化ナトリウムとは別の物質である。つまり，2つの水溶液を混合した結果，別の物質が生成したと考えられる。

答(1)　化学変化　　(2)　物理変化　　(3)　物理変化　　(4)　化学変化

章末問題のガイド

教科書 p.33

❶ 物質の分類

関連：教科書 p.12〜21

次の(ア)〜(ク)の各物質を，混合物，単体，化合物に分類し，記号で答えよ。

(ア)　窒素　　　　(イ)　空気　　　　(ウ)　二酸化炭素　　　(エ)　オゾン

(オ)　牛乳　　　　(カ)　塩酸　　　　(キ)　鉄　　　　　　　(ク)　塩化マグネシウム

ポイント　混合物は2種類以上の純物質が混じったもの。

単体は，純物質のうちで1種類の元素からなるもの。

化合物は，純物質のうちで2種類以上の元素からなるもの。

解き方　(ア)　窒素は N_2 と表せるため，純物質で1種類の元素からなる。よって，単体である。

(イ)　空気は，窒素と酸素を主成分として，アルゴン，二酸化炭素などの気体が混じった混合物である。

(ウ)　二酸化炭素は CO_2 と表せ，純物質で2種類の元素からなる。よって，化合物である。

(エ)　オゾンは O_3 と表せ，純物質で1種類の元素からなる。よって，単体である。

(オ)　牛乳は，水や乳脂肪分だけでなく，たんぱく質やビタミン，カルシウム，カリウムなどの物質も混じり合った混合物である。食塩や砂糖がイオンや分子として水に溶けた水溶液となるのに対して，牛乳の脂肪分やたんぱく質はこれよりも大きな粒子(コロイド粒子)として溶液に分散しているため，溶液は透明でなく白く見える。

(カ)　塩酸は，塩化水素 HCl が水に溶けたものである。よって，2種類の物質が混じり合った混合物である。

(キ)　鉄は Fe と表せ，純物質で1種類の物質からなる。よって，単体である。

(ク)　塩化マグネシウムは $MgCl_2$ と表せ，純物質で2種類の元素からなる。よって，化合物である。

答　混合物：(イ)，(オ)，(カ)

単体：(ア)，(エ)，(キ)

化合物：(ウ)，(ク)

❷混合物の分離

関連：教科書 **p.14～17**

次の混合物を分離する方法を答えよ。

(1) 砂の混じった水から砂を取り除く。

(2) 少量のヨウ素が混じった黒鉛から，ヨウ素を取り除く。

(3) 少量の塩化ナトリウムを含む硝酸カリウムから，純粋な硝酸カリウムの結晶を得る。

(4) 液体空気から，窒素，酸素，アルゴンをそれぞれ取り出す。

(5) 細長いろ紙の一端に水性サインペンで印をつけ，ろ紙の下端を水につけて色素を分離する。

ポイント 分離の方法は，分離する物質の三態と物質の性質に着目する。

解き方 (1) 砂の混じった水は，砂という固体と水という液体を分離する操作である。よって，ろ過を行うことで分離できる。

(2) ヨウ素は昇華しやすい性質をもつ。そのため，ヨウ素のみを昇華させて再び固体に戻す操作である，昇華法が適している。

(3) 硝酸カリウムは，温度による溶解度の変化が大きい物質である。このため，硝酸カリウムのこの性質を用いて，再結晶によって硝酸カリウムを結晶として取り出す操作が適している。

(4) 液体の空気には，液体の窒素・液体の酸素・液体のアルゴンなどが混じり合っている。これらの物質が気体になる温度(沸点)はそれぞれ異なるから，分留によって分離する方法が適している。

(5) ろ紙への吸着力の違いを利用して分離する方法をペーパークロマトグラフィーという。文章では，サインペンに含まれる色素のろ紙への吸着力の違いを用いて分離している。

答 (1) ろ過(蒸留)　(2) 昇華法　(3) 再結晶

(4) 分留　(5) ペーパークロマトグラフィー

❸同素体

関連：教科書 **p.22**

次の元素の同素体を 2 つずつ挙げよ。

(1) 炭素 C　　　(2) リン P　　　(3) 硫黄 S

ポイント 同素体は，同じ種類の元素からできているが，性質が異なる単体。

解き方 (1) 炭素の同位体には，ダイヤモンド・黒鉛・フラーレン，カーボンナノチューブなどがある。このうちから2つを挙げて解答する。

(2) リンの同素体には，黄リン(白リン)と赤リンの2つがある。

(3) 硫黄の同素体には，斜方硫黄・単斜硫黄・ゴム状硫黄の3つがある。このうちから2つを挙げて解答する。

答 (1) ダイヤモンド・黒鉛(フラーレンなども可)

(2) 黄リン・赤リン

(3) 斜方硫黄・単斜硫黄(ゴム状硫黄も可)

---

❹ 元素と単体

関連：教科書 **p.20, 21**

次の文中の下線部は，元素，単体のどちらを表しているか，それぞれ答えよ。

(1) 地殻中に最も多く含まれるのは，酸素である。

(2) 酸素は常温・常圧で無色・無臭の気体である。

(3) 貧血予防で鉄を多く含む食品を食べるように心がけた。

(4) 窒素は肥料に多く含まれ，植物の成長に欠かせないものである。

(5) 水素と酸素の混合気体に点火すると，爆発することがあり，危険である。

ポイント 元素を表すときは，物質を構成する成分を表す。
単体を表すときは，実際に存在している物質を表す。

解き方 (1) 文章では，酸素は地殻を構成する成分を表す。地殻には，様々な物質が混じり合っているが，酸素はこうした物質を構成する成分である。よって，元素を表している。

(2) 文章では，気体として存在している酸素について述べられている。よって，単体を表している。

(3) 文章では，鉄は食品を構成する成分として述べられており，食品中に鉄が単体で存在しているわけではない。よって，元素を表している。

(4) 文章では，窒素は肥料を構成する成分として述べられている。この窒素は，肥料に混ざっている様々な物質を構成する成分である。よって，元素を表している。

(5) 文章では，水素は気体として実際に存在している物質を表す。よって，単体を表している。

答 (1) 元素　　(2) 単体　　(3) 元素　　(4) 元素　　(5)単体

❺ 物質の状態変化　　　　　　　　　　　関連：教科書 p.29〜31

次の現象に最も関係が深い用語を，それぞれ下の(ア)〜(カ)から選べ。

(1) 日陰に干した洗濯物が乾いていた。

(2) 気温が下がり，池の表面に氷が張った。

(3) 冷たいジュースを入れたコップの外側に水滴がついた。

(4) 冷凍庫の中の四角い氷が，角が取れて小さくなっていた。

(5) 料理中，鍋を強火にかけてしまい，中身をふきこぼしてしまった。

　(ア) 融解　　(イ) 凝固　　(ウ) 蒸発　　(エ) 凝縮　　(オ) 沸騰　　(カ) 昇華

ポイント　物質の三態(気体・液体・固体)のうち，どの状態からどの状態に変化したのかに着目。

解き方　(1) 文章にある現象は，洗濯物にある液体の水が気体に変化したことによるものである。よって，液体から気体に変化する反応である蒸発と関係が深い。

(2) 池の表面に氷が張った現象は，池にある液体の水が固体の氷に変化したことによるものである。よって，液体から固体への変化である凝固と関係が深い。

(3) コップの外側に水滴がついたとき，空気中にある気体の水(水蒸気)が液体の水に変化している。よって，気体から液体への変化である凝縮と関係が深い。

(4) 冷凍庫の氷の角が取れて小さくなった現象は，固体の水(氷)が気体の水蒸気に変化することによるものである。よって，固体から気体の変化である昇華と関係が深い。

(5) 文章の現象では，鍋にある液体の水が表面だけでなく，内部からも気体の水蒸気に変化したことによるものである。よって，液体の表面だけでなく内部からも蒸発が起こる沸騰と関係が深い。

答　(1)　(ウ)

(2)　(イ)

(3)　(エ)

(4)　(カ)

(5)　(オ)

思考力を鍛えるのガイド

教科書p.34

1 蒸留

関連：教科書p.15

右図は簡単な蒸留装置を示したものである。次の各問いに答えよ。

(1) 器具A～Cの名称を答えよ。

(2) 温度計の下端はどの位置にするのが正しいか。次の(ア)～(ウ)から選べ。

　(ア)　液体の中

　(イ)　図示された位置

　(ウ)　図示された位置と液面の中間

(3) Aに沸騰石を入れる理由を10字程度で説明せよ。

(4) Bに冷却水を流すとき，①，②のどちらから入れるのが適当か。番号で答え，その理由を20字程度で説明せよ。

(5) Cと三角フラスコの間は，ゴム栓などで密閉してはいけない。その理由を20字程度で説明せよ。

ポイント (2)　**温度計ではかるものは何かを考える。**

(1)，(3)，(4)，(5)**各器具の名前とその使い方を整理する。**

解き方 (2)　温度計は，液体が蒸発してできた気体の温度をはかるために使う。よって，リービッヒ冷却器に向かう前の気体の温度をはかるために，枝付きフラスコの枝(の根元)の近くに先端がくるように取り付ける。

(3)　沸騰石は，液体が急激に沸騰すること(突沸)を防ぐために使われる。解答を10字程度に収めるために，「突沸」という言葉を使うとよい。なお，液体が突沸すると液体が飛び散る恐れがあり，危険である。

(4)　リービッヒ冷却器に水を入れる際，①から冷却水を入れると，そのまま②に流れてしまう。一方で，冷却水を②から注ぐと，冷却水がリービッヒ冷却器の内部を満たすことができる。このため，②から注ぐとよい。

(5)　一般に，液体が蒸発して気体になると体積が大きくなる。このときに，Cと三角フラスコの間を密閉すると，三角フラスコ内の圧力が上がってしまうため危険である。

答 (1)　A：枝付きフラスコ　　B：リービッヒ冷却器　　C：アダプター

(2)　(イ)

(3) 突沸を防ぐため。(8 文字)

(4) ②　　理由：①から入れると冷却水で満たせないから。(19 文字)

(5) 三角フラスコの内部の圧力が上昇して危険だから。(23 文字)

❷ 成分元素の検出　　　　　　　　　　　関連：教科書 p.23〜25

　物質 X，Y の成分元素を調べるために実験を行い，次の(1)〜(4)の結果を得た。この結果から，物質 X，Y の化学式として最も適当なものを下の(ア)〜(カ)から選べ。

(1) 物質 X，Y の水溶液を白金線につけてガスバーナーの外炎の中に入れると，炎の色は X が黄色，Y が赤紫色になった。

(2) 物質 X の水溶液に硝酸銀水溶液を加えると，白色沈殿が生成した。

(3) 物質 Y を試験管に入れて加熱すると，気体が発生した。この気体を石灰水に通じると，白色沈殿が生成した。

(4) (3)の試験管の口では無色の液体も生成したので，これをガラス棒につけ，白色の硫酸銅(Ⅱ)無水物に触れさせると，青くなった。

　(ア) $NaCl$　(イ) $CaCl_2$　(ウ) $AgCl$　(エ) $NaHCO_3$　(オ) $KHCO_3$　(カ) KOH

ポイント　(1)〜(4)の各実験で検出できる元素を考える。

解き方　(1)〜(4)の各実験から，X と Y に含まれる元素を特定していく。

　(1)では，炎色反応によって元素を特定する。炎の色が X の場合は黄色で Y の場合は赤紫色になったことから，X にはナトリウム Na，Y にはカリウム K が含まれる。

　(2)では，硝酸銀水溶液を使って塩素 Cl を検出している。この反応から，X には塩素 Cl が含まれるとわかる。

　(3)では，気体を石灰水に通したときの反応によって炭素 C を検出している。この反応から，Y には炭素 C が含まれるとわかる。

　(4)では，硫酸銅(Ⅱ)無水物との反応を通して，水素 H を検出している。硫酸銅(Ⅱ)無生物が青くなったことから，Y を加熱した際に水 H_2O が生成したと考えられる。したがって，Y には水素 H が含まれるとわかる。

　以上の実験から，X にはナトリウム・塩素が含まれ，Y にはカリウム・炭素・水素が含まれている。よって選択肢から，X は(ア) $NaCl$，Y は(オ) $KHCO_3$ である。

答　X：(ア)　　Y：(オ)

❸ 状態変化と温度変化

関連：教科書 **p.29～31**

　-30℃の氷を穏やかに加熱すると途中で融解して水となり，さらに加熱を続けると沸騰してすべて水蒸気となった。-30℃から沸騰が終わるまでの加熱時間と温度の関係をグラフで表せ。ただし，グラフは概形でよく，右図の空欄には融解，および沸騰しているときの温度を書くこと。

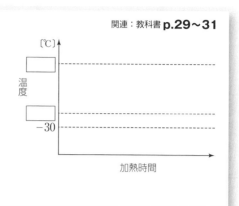

ポイント　純物質の温度は状態変化が終わるまで，融点や沸点が一定に保たれる。

解き方　氷を穏やかに加熱すると，0℃が融点となって固体の氷から液体の水に状態変化する。さらに温度を上げていくと，100℃が沸点となって液体の水から気体の水蒸気へと状態変化する。

　また，純物質が状態変化するとき，状態変化が完了するまでは温度が一定で，融点や沸点で一定に保たれる。物質の状態変化においては，一定の割合で加熱した場合，融点に保たれる時間よりも沸点に保たれる時間のほうが長い。

　以上の観点を踏まえて，グラフを作成する。

答

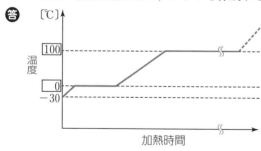

第2章　物質の構成粒子

教科書の整理

第❶節　原子の構造と電子配置

教科書 **p.35〜42**

Ａ 原子の構造

❶ **原子の構造と大きさ**　原子は物質を構成する最小の粒子。大きさは 10^{-10} m（＝0.1 nm）ほどの大きさで，全体として電気的に中性である。具体的な大きさや質量は原子の種類によって異なる。

　原子の中には，直径 10^{-15}〜10^{-14} m 程度の原子核（正の電荷をもつ）と，電子（負の電荷をもつ）がある。

　原子核は陽子（電子と数が等しい）と中性子からできている。陽子は正の電荷をもち，中性子は電荷をもたない。つまり，原子核では正の電荷をもち，原子全体としては原子核と電子が打ち消し合って電気的に中性となる。原子核の大きさは，直径 10^{-15}〜10^{-14} m 程度であり，原子全体の大きさの数万分の1の大きさである。

> **⚠ここに注意**
> 水素原子など，原子核に中性子をもたないものもある。

構成粒子	電荷	質量	質量比
陽子 ⊕	+1	$1.673×10^{-24}$g	1
中性子 ○	0	$1.675×10^{-24}$g	1.001
電子 ●	−1	$9.109×10^{-28}$g	$\dfrac{1}{1840}$

▲ヘリウム原子のモデルと構成粒子

約10^{-10}m　約10^{-15}m

❷ **原子を構成する粒子の性質**

・陽子1つと電子1つの電荷の大きさ（絶対値）は等しい。

・原子中の陽子と電子の数は等しい。

・陽子と中性子の質量は，ほぼ等しい。電子の質量は陽子や中性子の約 $\dfrac{1}{1840}$ である。

・原子全体の質量は，陽子と中性子を合わせた原子核の質量にほぼ等しい。

> **⚠ここに注意**
> 原子全体の質量≒原子核の質量

教科書の整理　第２章

❸ 原子番号と質量数

原子番号　原子核の中にある陽子の数は，原子の種類によって異なる。そのため，原子核中の陽子の数を，その原子の原子番号という。

質量数　質量数＝陽子の数＋中性子の数

| 陽子の数＋中性子の数＝ | 質 量 数 |
| 陽子の数（＝電子の数）＝ | 原子番号 |

$$^{4}_{2}\mathrm{He} \longleftarrow 元素記号$$

❹ 元素と同位体

同位体（アイソトープ）　原子番号（陽子の数）が同じで，質量数が異なる原子を互いに同位体という。陽子の数が同じであるため，同位体どうしでは中性子の数が異なる。各元素の同位体の存在比は地球上でほぼ一定であり，同位体間で化学的性質はほぼ同じである。

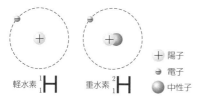

軽水素 $^{1}_{1}\mathrm{H}$　　重水素 $^{2}_{1}\mathrm{H}$

＋ 陽子
● 電子
● 中性子

天然に存在する水素の同位体

❺ 放射線と放射性同位体

放射能　原子核が放射線を放つ性質。

放射性同位体（ラジオアイソトープ）　同位体のうち，放射線を放出するもの。

壊変（崩壊）　放射性同位体の原子核が放射線を放って別の原子核に変化すること。

放射線の種類

・**α線**　$^{4}_{2}\mathrm{H}$ の原子核が放出される壊変を α 壊変といい，それによって放たれる $^{4}_{2}\mathrm{H}$ の原子核の流れを α 線という。α 壊変後は原子番号が２減少し，質量数が４減少した原子に変化する。

・**β線**　電子 e^{-} が放出される壊変を β 壊変といい，それによって放たれる電子 e^{-} の流れを β 線という。β 壊変後は原子番号が１増加し，質量数が同じ原子に変化する。

・**γ線**　高エネルギーの電磁波が放出される壊変をγ壊変といい，それによって放たれる電磁波をγ線という。原子番号も質量数も変化せず，原子が高エネルギー状態から低エネルギー状態になる。

❻ ❼ 放射線の利用・放射性同位体による年代測定　放射性同位体や放射線は，半減期などの性質を利用して医療・農業・考古学(年代測定)などで利用されている。

半減期　壊変により放射性同位体が半分に減少するまでの時間。各同位体に時間が決まっている。

B 電子配置

❶ 電子殻　原子の中にある電子は，原子核を中心にした層(電子殻)に分かれていると考えられる。電子殻は内側から，K殻，L殻，M殻，N殻…とよばれ，内側からn番目の電子殻には最大$2n^2$個の電子が入る。

❷ 電子配置　電子殻に電子が入るときの電子の配分のされ方。一般に電子は内側の電子殻から順に入っていく。

❸ 価電子　原子がイオンになるときや，ほかの原子と結びつくときに重要な働きをする電子。一般的には，最外殻電子が価電子として働く。

最外殻電子　最も外の電子殻(最外殻)にある電子。

❹ 貴ガスの電子配置　貴ガス(希ガス)　ヘリウムHe，ネオンNe，アルゴンArなどの周期表で最も右の列にある原子。貴ガスはほかの原子と反応しにくいため，最外殻電子は原子間の結合に関わらない。そのため，価電子の数は0とする。

もっと詳しく
各電子殻が収容できる最大の電子が入っている状態を閉殻という。

ここに注意
貴ガスの最外殻電子の数と価電子の数を区別する。

教科書 p.42 **参考 電子と原子核の発見**

❶ 電子の発見　真空状態で左右の電極に高い電圧をかけることで，陰極(図の左の電極)から出る流れを陰極線という。上下の電極から別の電圧をかけると，陰極線は＋極(図の上の電極)の方向に曲がる。

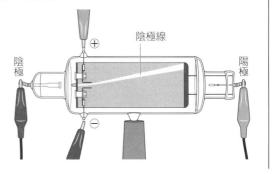

❷ **原子殻の発見**　イギリスのラザフォードは，放射線のα線を用いて原子核の存在を発見した。原子核に衝突したα線は，直進できずに進む方向を変える。彼は，原子に向かって当てたα線が約10000個に1個の割合で進度を変えることから，正の電荷をもつ原子核の存在とその直径の大きさを導いた。

第❷節　イオン

教科書 **p.43～46**

A イオンとイオンの生成

❶ **イオン**　電子を受け取ったり失ったりして，電気を帯びた粒子。原子がイオンになったときに変化した電子の数をイオンの価数という。イオンの電子配置は，周期表でもとの原子と場所(原子番号)が近い貴ガスと同じ電子配置になる。

イオンの表し方　イオン式で表す。イオン式は，原子の種類を元素記号で表し，右上に電荷の種類(＋－)と価数を添えて表す。

> ⚠ **ここに注意**
> 陽イオンになりやすい性質を陽性，陰イオンになりやすい性質を陰性という。

❷ **陽イオンの生成**

陽イオン　電子を失ったことで正の電荷をもった粒子。価電子が少ない金属元素は電子を失いやすいため，陽イオンになりやすい。陽イオンは「元素名」+「イオン」でよぶ。

ナトリウム原子(原子番号11)　　ナトリウムイオン(陽イオン)　　ネオン原子

電子を1個失う　　同じ電子配置

❸ **陰イオンの生成**

陰イオン　電子を受け取ることで負の電荷をもった粒子。価電子が多い非金属元素の原子は電子を受け取りやすいため，陰イオンになりやすい。陰イオンは元素名の語尾を「～化物イオン」と変えてよぶ。

> 📖 **テストに出る**
> 電子を失って陽イオン，電子を受け取って陰イオンになる。

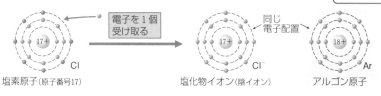

塩素原子(原子番号17)　　塩化物イオン(陰イオン)　　アルゴン原子

電子を1個受け取る　　同じ電子配置

❹ **多原子イオン** イオンは，1個の原子から生じる単原子イオンと2個以上の原子の集まりからなる多原子イオンがある。多原子イオンのときは，固有のイオン名で呼ぶ

陽イオン	価数	陰イオン
H^+(水素イオン)，Na^+(ナトリウムイオン) K^+(カリウムイオン)，Ag^+(銀イオン) NH_4^+(アンモニウムイオン)	1価	F^-(フッ化物イオン)，Cl^-(塩化物イオン) OH^-(水酸化物イオン)，NO_3^-(硝酸イオン) HCO_3^-(炭酸水素イオン)，CH_3COO^-(酢酸イオン)
Mg^{2+}(マグネシウムイオン)，Zn^{2+}(亜鉛イオン) Ca^{2+}(カルシウムイオン)，Cu^{2+}(銅(Ⅱ)イオン)	2価	O^{2-}(酸化物イオン)，S^{2-}(硫化物イオン) SO_4^{2-}(硫酸イオン)，CO_3^{2-}(炭酸イオン)
Al^{3+}(アルミニウムイオン)，Fe^{3+}(鉄(Ⅲ)イオン)	3価	PO_4^{3-}(リン酸イオン)

主な陽イオンと陰イオンのイオン式と名称　　　　　　██は多原子イオン

B イオン生成とエネルギー

❶ **イオン化エネルギー** もとの原子から電子を1個取り，1価の陽イオンにするのに必要なエネルギー。厳密には，第一イオン化エネルギーとよび，電子を2個取る場合は第二イオン化エネルギーとよぶ。

❷ **電子親和力** 原子が電子を1個取り入れて陰イオンになるときに放出されるエネルギー。

C 原子とイオンの大きさ

原子とイオンの大きさ

・同じ族の元素では，周期表の下に行くほど原子は大きい。
（電子殻の数が増える）

・同じ周期では，原子番号が大きいほど原子は小さい。
（陽子が増え，より中心の原子核に引きつけられる）

イオンの大きさ 原子は陽イオンになると小さく，陰イオンになると大きくなる。陽イオンになると電子の数が減るため，陽子が中心に電子全体を強く引き付ける。一方で陰イオンになると電子が増えるため，電子どうしがより反発し，陽子が中心に電子全体を引きつける力が弱くなる。

同じ電子配置のイオンでは，原子番号が大きいほどイオン半径が小さくなる。電子の数が同じで陽子の数が増えるため，中心に電子全体を引きつける力が強くなるためである。

教科書の整理　第2章

テストに出る
イオン化エネルギーが小さいほど陽イオンになりやすい。
イオン化エネルギーは周期表の左下の原子ほど小さい。

テストに出る
電子親和力が大きいほど陰イオンになりやすい(陰性が強い)。
貴ガスはイオンになりにくいため，電子親和力が最も小さい。

第❸節 元素の周期表

教科書 p.47〜53

A 周期律と周期表

❶ 周期律

周期律　元素を原子番号の順番に並べると，価電子の数が周期的に変化する。この変化にしたがって現れる，周期的な規則性のことを周期律という。

（例）イオン化エネルギー，単体の融点，原子半径など

❷ 周期表

周期表　元素を原子番号の順に並べ，性質の似た元素が縦の同じ列になるように並べた表。原型は，ロシアのメンデレーエフによってつくられた。

族　周期表の縦の列のこと。

周期　周期表の横の行のこと。

同族元素　同じ族に属する元素群。

> **📝テストに出る**
> 族は縦の列。
> 周期は横の行。

B 周期表と元素の分類

❶ 典型元素と遷移元素

典型元素　典型元素は周期表の1，2，13〜18族の元素。典型元素では，原子番号の増加に従って最外殻電子の数が増える。

遷移元素　遷移元素は3〜12族の元素。最外殻電子の数が1〜2個である（原子番号の増加に従って増える電子は内側の電子殻に入る）。

	典型元素	遷移元素
周期表での位置	1，2，13（または12）〜18族 金属元素と非金属元素がある。	3〜12（または11）族 すべて金属元素である。
最外殻電子の数	族の1の位の数値に一致する。 価電子として働く（貴ガス以外）。	1〜2個
化学的性質	同族元素で類似。	同一周期の隣り合う元素で類似。
単体の密度	小さいものが多い。	大きいものが多い。
化合物の色	無色のものが多い。	有色のものが多い。

❷ 金属元素と非金属元素

元素は金属元素と非金属元素に分けられる。金属元素は多くの種類があり，元素の約8割を占める。

	金属元素	非金属元素
原子の性質	陽性が強いため，電子を放出して陽イオンになりやすい	陰性が強く，電子を取り込んで陰イオンになりやすい
単体の性質	・常温では固体(水銀は液体) ・電気や熱をよく導く ・金属光沢をもつ	・常温では固体や気体 　(臭素は液体) ・電気と熱を導きにくい
酸化物	酸と反応しやすい	アルカリ(塩基)と反応しやすい

教科書の整理　第2章

教科書 p.49　参考　メンデレーエフの周期表

ロシアのメンデレーエフは，原子量順に並べた元素が周期的に変わっていく，元素の周期律に気づいた。彼がつくった周期表は，現在の周期表の基礎となっている。

C 同族元素

アルカリ金属　水素(H)を除く1族の元素。1価の陽イオンになりやすく，空気中の水と反応するため，灯油中に保存する。単体は密度が小さく，融点が低い。炎色反応を示す。

アルカリ土類金属　2族の元素。2価の陽イオンになりやすい。単体の密度はアルカリ金属より少し大きい。

ハロゲン　17族の元素。1価の陰イオンになりやすい。単体はすべて有色で，酸化力が強い。

貴ガス　18族の元素。常温では気体の状態である。他の元素と反応しにくいため，価電子は0個である。

> **テストに出る**
> アルカリ金属は1族。
> アルカリ土類金属は2族。
> ハロゲンは17族。
> 貴ガス(希ガス)は18族。

教科書 p.53　発展　電子殻の発見

光は波と同じ性質をもち，波が1回の振動で進む長さを波長という。目に入る光は，波長によって異なる色に見える。太陽光を三角プリズムの中に当てると，プリズムの面で屈折することで光はさまざまな色に分かれる。このとき，波長が長い方から赤・橙・黄・緑・青・藍・紫の順に並んだ帯がみられ，これを連続スペクトルという。また，少し水素を入れたガラス管の中で放電させると，赤紫色の光が発生する。この光をプリズムに通すと，ある色が線のような状態に見え，これを線スペクトルという。この光ができる原因には，電子殻どうしのエネルギーが異なることが関係している。

実験・探究のガイド

教科書 p.52 | 実 験 | 3. アルカリ金属とアルカリ土類金属の性質

操作 の留意点

1. アルカリ金属もアルカリ土類金属も，空気中でも反応するため，素手で触らないようにする。

2. 実験でできた水溶液はともにアルカリ性(塩基性)を示すため，水溶液の取り扱いには注意する。

3. アルカリ金属もアルカリ土類金属も水と激しく反応するため，乾いた器具を用いて実験を行う。

結果と考察 のガイド

結果と考察 実験結果からアルカリ金属とアルカリ土類金属の性質の特徴や共通点・相違点を下記①〜④の項目別にまとめ，電子配置と関連づけて考察してみよう。

▼ 参考 各金属の性質

元素名	密度〔g/cm³〕	融点〔℃〕
リチウム	0.534	180.54
ナトリウム	0.971	97.81
カルシウム	1.55	839

① 導電性(操作①，⑥より)

② 硬さ・金属光沢・空気中での様子(操作②，⑥より)

③ 密度・水との反応と反応生成物(操作③〜⑤，⑦〜⑨より)

④ ②，③の性質についてリチウムとナトリウム，ナトリウムとカルシウムのそれぞれで比較

① (例) アルカリ金属・アルカリ土類金属ともに電気を通す。

(例) アルカリ金属・アルカリ土類金属がともにもつ電気伝導性は，金属の結晶ができるときに，価電子が自由に動くことができる状態にあるためである。

② (例) 金属光沢はアルカリ金属・アルカリ土類金属ともに存在し，共通点となっている。しかし，硬さと空気中での様子に相違点がみられた。硬さはアルカリ土類金属のほうが硬く，アルカリ金属は比較的軟らかかった。空気中では，アルカリ金属は空気と反応してすぐに金属光沢を失ったが，アルカリ土類金属はしだいに金属光沢を失った。こうした性質は，アルカリ金属のほうが価電子が少なくイオン化エネルギーが小さいことや，陽子と電子の数が少ないことから，陽子と電子の引力がアルカリ土類金属よりも弱いことにあると考えられる。

③　(例) 水との反応生成物は，アルカリ金属・アルカリ土類金属がともに共通していた。ともに，火を近づけたときの反応から水素が発生したとわかり，フェノールフタレイン溶液の色から水溶液がともにアルカリ性(塩基性)を示すとわかる。一方で，水との反応と密度に違いがみられた。水との反応では，アルカリ金属は激しく泡を立てて反応したが，アルカリ土類金属は穏やかに泡を立てて反応した。また，密度についてもアルカリ金属は密度が比較的小さいが，アルカリ土類金属は密度が比較的大きかった。

④(1)　リチウムとナトリウム

　　(例) リチウムとナトリウムでは，ナトリウムのほうが密度が大きく，またリチウムのほうがわずかに硬かった。水との反応は，ナトリウムのほうが反応しやすく，反応生成物はともに気体の水素だった。

　(2)　ナトリウムとカルシウム

　　(例) ナトリウムとカルシウムでは，カルシウムの方が硬さ・密度が大きかった。また，空気中ではナトリウムの方が反応しやすく，水との反応についてもナトリウムのほうが反応しやすかった。反応生成物はともに気体の水素だった。

問のガイド

教科書
p.36

問 1

次の各原子に含まれる陽子・中性子・電子の数をそれぞれ答えよ。

(1) $_4^9Be$　　　(2) $_9^{19}F$　　　(3) $_{12}^{26}Mg$　　　(4) $_{16}^{32}S$　　　(5) $_{20}^{40}Ca$

ポイント

> **陽子の数＝原子番号＝電子の数**
> **中性子の数＝質量数－陽子の数**

解き方 (1)　Be 原子に含まれる陽子の数は，左下にある原子番号と同じ 4 個。陽子の数＝電子の数だから，電子の数は 4 個。中性子の数は質量数－陽子の数で求められる。質量数(左上の数字)は 9 だから，中性子の数は 9－4 より 5 個。

(2)　F 原子に含まれる陽子の数は，左下にある原子番号と同じ 9 個。陽子の数＝電子の数だから，電子の数は 9 個。中性子の数は質量数－陽子の数で求められる。質量数は 19 だから，中性子の数は 19－9 より 10 個。

(3)　Mg 原子に含まれる陽子の数は，左下にある原子番号と同じ 12 個。陽子の数＝電子の数だから，電子の数は 12 個。中性子の数は質量数－陽子の数で求められる。質量数は 26 だから，中性子の数は 26－12 より 14 個。

(4)　S 原子に含まれる陽子の数は，左下にある原子番号と同じ 16 個。陽子の数＝電子の数だから，電子の数は 16 個。中性子の数は質量数－陽子の数で求められる。質量数は 32 だから，中性子の数は 32－16 より 16 個。

(5)　Ca 原子に含まれる陽子の数は，左下にある原子番号と同じ 20 個。陽子の数＝電子の数だから，電子の数は 20 個。中性子の数は質量数－陽子の数で求められる。質量数は 40 だから，中性子の数は 40－20 より 20 個。

答 (陽子の数，中性子の数，電子の数の順に)

(1)　4, 5, 4　　　(2)　9, 10, 9　　　(3)　12, 14, 12

(4)　16, 16, 16　　　(5)　20, 20, 20

教科書
p.37

問 2

元素記号を X で表した次の原子のうち，同位体の関係にあるものをすべて選び，それぞれの陽子の数，中性子の数を答えよ。

(ア) $_5^{10}X$　　　(イ) $_5^{11}X$　　　(ウ) $_6^{14}X$　　　(エ) $_7^{14}X$　　　(オ) $_8^{16}X$　　　(カ) $_8^{18}X$

> **ポイント** 同位体とは，原子番号が同じで質量数が異なる原子。
> 質量数＝陽子の数（原子番号）＋中性子の数

解き方　同位体とは原子番号が同じで質量数が異なるものだから，左下にある原子番号が同じものどうしを選ぶ。このとき，(ア)と(イ)，(オ)と(カ)がそれぞれ同じだとわかる。中性子は，質量数から原子番号（陽子の数）を引くことで求められる。

答 同位体の関係にあるもの：(ア)と(イ)，(オ)と(カ)

それらの原子それぞれの陽子の数，中性子の数は，順に

(ア) 5，5　　(イ) 5，6　　(オ) 8，8　　(カ) 8，10

教科書 p.39 問 3　遺跡から発見された木材中の ^{14}C の割合は，大気中に含まれる量の $\frac{1}{4}$ に減少していた。この木材が伐採されたのは今から何年前と考えられるか。

> **ポイント** 半減期とは，放射性同位体の量がもとの半分に減少するのにかかる時間。^{14}C の半減期は 5730 年（教科書 p.39 12 行目）。

解き方　$\frac{1}{4}=\left(\frac{1}{2}\right)^2$ だから，木材は半減期を 2 回繰り返している。したがって，5730 年を 2 回繰り返しているから，5730（年）×2 年前となる。

答 11460 年前

教科書 p.41 問 4　次の各原子について，電子配置を例にならって表せ。例 塩素 Cl(K2 L8 M7)

(1) 炭素　(2) フッ素　(3) ネオン　(4) マグネシウム　(5) 硫黄

> **ポイント** 電子殻は内側から K 殻，L 殻，M 殻，N 殻…である。
> 一般に，電子は内側の電子殻から入っていく。
> 内側から n 番目の電子殻には，最大で $2n^2$ 個の電子が入る。

解き方　K 殻には最大で 2 個，L 殻には最大で 8 個，M 殻には最大で 18 個の電子が入る。電子は内側の電子殻から入っていくことを念頭において解く。

(1) 炭素 C の原子番号は 6 だから，電子は 6 個ある。よって，K 殻に 2 個，L 殻には残る 4 個が入る。

(2) フッ素 F の原子番号は 9 だから，電子は 9 個ある。よって，K 殻には 2 個，L 殻には残る 7 個が入る。

(3) ネオン Ne の原子番号は 10 だから，電子は 10 個ある。よって，K 殻には 2 個，L 殻には残る 8 個の電子が入る。

(4) マグネシウム Mg の原子番号は 12 だから，電子は 12 個ある。よって，K 殻には 2 個，L 殻には 8 個，M 殻には残る 2 個の電子が入る。

(5) 硫黄 S の原子番号は 16 だから，電子は 16 個ある。よって，K 殻には 2 個，L 殻には 8 個，M 殻には残る 6 個の電子が入る。

答 (1) 炭素 C（K2　L4）　　　(2) フッ素 F（K2　L7）
(3) ネオン Ne（K2　L8）　(4) マグネシウム Mg（K2　L8　M2）
(5) 硫黄 S（K2　L8　M6）

教科書 p.44 問 5　次の各原子から生じる安定なイオンの化学式と名称を書け。また，そのイオンと電子配置が同じ貴ガスの原子の名称を書け。
(1) Li　　(2) O　　(3) F　　(4) K　　(5) Ca

ポイント
> **イオンは，周期表で原子番号が最も近い貴ガスと同じ電子配置になる。**
> **陰イオンは元素名の語尾を「～化物イオン」に変えてよぶ。**

解き方　周期表において，それぞれの原子はそれに最も近い貴ガスの原子と同じ電子配置になる。これにしたがって電子を増減させ，イオンをつくる。陰イオンは，元素名の語尾を「～化物イオン」と変えてよぶ。

答 （イオンの化学式，名称，貴ガスの名称の順に）
(1) Li^+，リチウムイオン，ヘリウム
(2) O^{2-}，酸化物イオン，ネオン
(3) F^-，フッ化物イオン，ネオン
(4) K^+，カリウムイオン，アルゴン
(5) Ca^{2+}，カルシウムイオン，アルゴン

教科書 p.45 問 6　次のイオン 1 個がもつ電子はそれぞれ何個か。
(1) K^+　　(2) Mg^{2+}　　(3) S^{2-}　　(4) OH^-　　(5) NH_4^+

ポイント | イオンは価数に応じて，もとの原子から電子が増減する。
電子を失って陽イオン，電子を得て陰イオンになる。

解き方 (1)　カリウムイオンは1価の陽イオンなので，カリウム原子がもつ19個の電子から1個失われる。よって，19−1=18 より，18個。

(2)　マグネシウムイオンは2価の陽イオンなので，マグネシウム原子がもつ12個の電子から2個失われる。よって，12−2=10 より10個。

(3)　硫化物イオンは2価の陰イオンなので，硫黄原子がもつ16個の電子から2個だけ電子が増加する。よって，16+2=18 より18個。

(4)　水素原子1個と酸素原子1個の電子の数の和は，1+8=9 より9個。[OH^-]と表される水酸化物イオンは1価の陰イオンだから，1個だけ電子が増加する。よって，9+1=10 より電子の数は10個。

(5)　窒素原子1個と水素原子4個の電子の数の和は，7+1×4=11 より11個。[NH_4^+]と表されるアンモニウムイオンは1価の陽イオンだから，1個だけ電子を失う。よって，11−1=10 より電子の数は10個。

答 (1)　18個　　(2)　10個　　(3)　18個　　(4)　10個　　(5)　10個

教科書
p.47
問 7 | 次の各元素は第何周期で何族か。
(1)　Na　　(2)　O　　(3)　Ca　　(4)　Ar　　(5)　N

ポイント | 周期表の縦の列は族，横の行は周期

解き方 (1)　Naつまりナトリウムは，第3周期1族の元素。Hを除く1族の元素はアルカリ金属とよばれる。

(2)　Oつまり酸素は，第2周期16族の元素。

(3)　Caつまりカルシウムは，第4周期2族の元素。2族の元素はアルカリ土類金属とよばれる。

(4)　Arつまりアルゴンは，第3周期18族の元素。18族の元素はほかの原子と反応しにくく，貴ガスとよばれる。

(5)　Nつまり窒素は，第2周期15族の元素。

答 (1)　第3周期1族　　　(2)　第2周期16族　　　(3)　第4周期2族
(4)　第3周期18族　　　(5)　第2周期15族

章末問題のガイド　　　　　教科書 p.55

❶ 原子の構造　　　　関連：教科書 p.35，36

次の空欄に，適当な語句を記せ。

原子は，中心にある　(ア)　と，そのまわりに存在する　(イ)　で構成されている。また，一般に　(ア)　は，正の電荷をもつ　(ウ)　と，電荷をもたない　(エ)　からできている。　(ウ)　の数を　(オ)　といい，　(ウ)　と　(エ)　の数の和を　(カ)　という。

ポイント 原子の構造を理解する。
原子番号と質量数について理解する。

解き方 原子には中心に原子核があり，そのまわりに電子がある。原子核は陽子と中性子からなる。陽子の数は元素の種類ごとに決まっており，これは原子番号とよばれる。なお，原子 1 個の重さは陽子と中性子の重さの和によって，おおむね決まる。このため，陽子と中性子の数の和を質量数という。

答 (ア)　原子核　　(イ)　電子　　(ウ)　陽子
(エ)　中性子　　(オ)　原子番号　　(カ)　質量数

❷ 原子の質量の比　　　　関連：教科書 p.36

$^{20}_{10}$Ne で表されるネオン原子は，陽子，中性子，電子をそれぞれ 10 個ずつもつ。このネオン原子の質量は，ヘリウム原子 $^4_2$He のおよそ何倍か。

ポイント 質量数＝陽子の数＋中性子の数
原子の質量の比は，質量数の比とほぼ同じ。

解き方 原子の質量は，陽子と中性子の質量の和でおおむね決まる。原子の質量の比はほぼ質量数の比と同じであるから，ネオン原子 $^{20}_{10}$Ne の質量数とヘリウム原子 $^4_2$He の質量数を比べる。ネオン原子 $^{20}_{10}$Ne の質量数は 20，ヘリウム原子 $^4_2$He の質量数は 4 である。ネオン原子 $^{20}_{10}$Ne の質量数は，ヘリウム原子 $^4_2$He の質量数の 5 倍だから，ネオン原子 $^{20}_{10}$Ne の質量はヘリウム原子 $^4_2$He のおよそ 5 倍となる。

答 およそ 5 倍

❸ イオンに含まれる電子や中性子の数　　　関連：教科書 **p.36，43，44**

原子番号16，質量数32の硫黄原子Sが２価の陰イオンになったとき，この陰イオン１つに含まれている電子の数と中性子の数はそれぞれいくつか。

ポイント▶ 原子において，原子番号＝電子の数
原子において，質量数＝陽子の数＋中性子の数
陰イオンになるとき，電子の数が増加し，陽イオンになるとき，電子の数が減少する。

解き方▶ 原子では，陽子と電子の数は同じである。問題より硫黄原子の原子番号は16だから，陽子の数は16個，つまり電子の数は16個である。この硫黄原子が２価の陰イオンになったとき，電子の数は2だけ増加する。よって電子の数は18。また，硫黄原子の質量数は32だから，中性子の数は，質量数－陽子の数 $=32-16=16$ より，16である。

答 電子の数：18
　　中性子の数：16

❹ 電子配置と周期律　　　関連：教科書 **p.40〜48**

右表は，周期表の第2，3周期を示したものである。次の各問いに答えよ。

周期 ＼ 族	1	2	13	14	15	16	17	18
2	(ア)	Be	B	(イ)	(ウ)	O	(エ)	Ne
3	Na	Mg	(オ)	Si	(カ)	(キ)	Cl	(ク)

(1) (ア)〜(ク)に適当な元素記号を入れよ。

(2) ナトリウム原子Naの電子配置は(K2 L8 M1)と表される。次の(a)，(b)の電子配置をこれにならって示せ。
　(a) 酸素原子Oの電子配置
　(b) 塩素原子Clから生じる安定なイオンの電子配置

(3) 表中の原子のうち，イオン化エネルギーが最大の原子を元素記号で答えよ。

(4) 表中の第3周期の原子のうち，陽性が最大の原子と陰性が最大の原子をそれぞれ元素記号で答えよ。

(5) (オ)の原子から生じる安定なイオンのもつ電荷の種類(＋，－)と価数を答えよ。また，そのイオンと電子配置が同じ貴ガスの原子の名称を答えよ。

ポイント 各原子において，電子は内側のK殻から入っていく。
同一周期では族が大きいほど，同じ族では原子番号が小さいほど，第一
イオン化エネルギーは大きくなる。
各イオンは，周期表においてもとの原子が最も近い貴ガスと同じ電子配
置になる。

解き方 (2)　各原子において，電子は最も内側のK殻から入っていく。原則として
内側からn番目の電子殻には，$2n^2$個ずつ電子が入る。

(3)　同一周期では族が大きいほど，同じ族では原子番号が小さいほど，イ
オン化エネルギーは大きくなる。よって，Ne が最大となる。

(4)　イオンの陽性とは価電子を失って陽イオンになりやすい性質，陰性と
は電子を取り込んで陰イオンになりやすい性質のことをいう。18 族の
貴ガスを除いて，周期表の右上に行くほど陰性が大きくなり，左下に行
くほど陽性が大きくなる。よって，第3周期の原子のうち，陽性が最も
大きいのは Na，陰性が最も大きいのは Cl である。

(5)　(1)の(オ)に入る原子は，アルミニウム Al である。アルミニウムは3価
の陽イオンになるから，電荷は ＋，価数は3である。また，原子は原
子番号が最も近い貴ガスと同じ電子配置のイオンになるから，ネオン
Ne と同じ電子配置になる。

答 (1)　(ア) Li　(イ) C　(ウ) N　(エ) F
(オ) Al　(カ) P　(キ) S　(ク) Ar

(2)　(a) **K2　L6**　(b) **K2　L8　M8**

(3)　Ne

(4)　**陽性が最大：**Na
陰性が最大：Cl

(5)　**電荷の種類：**＋
価数：3
貴ガスの名称：ネオン

思考力を鍛えるのガイド

■1 元素の推定

関連：教科書p.43, 44

　ある元素の原子は2価の陽イオンになりやすい。この陽イオンのもつ電子の総数は18個だった。この元素名を答えよ。また、その根拠を説明せよ。

ポイント　陽イオンは、もとの原子より価数だけ電子を失っている。
　　　　　陰イオンは、もとの原子より価数だけ電子が増加している。

解き方　　2価の陽イオンであるということは、もとの原子にある電子の数よりも2個だけ電子が少ないということ。つまり、もとの原子には電子が20個あるから原子番号がわかる。この過程を記述する。

答　カルシウム
　根拠：2価の陽イオンはもとの原子よりも電子が2個少ない。陽イオンがもつ電子の数は18個だから、イオンになる前の原子にある電子の数は18+2=20 より20個である。よって、電子が20個ある原子はカルシウムとわかる。（94文字）

■2 イオン半径の比較

関連：教科書p.46

　酸化物イオン O^{2-} とマグネシウムイオン Mg^{2+} はともにネオン原子 Ne と同じ電子配置をもつが、半径は O^{2-} より Mg^{2+} のほうが小さい。その理由を答えよ。

ポイント　各イオンにある陽子の数と電子の数に注目する。
　　　　　原子核にある陽子の数が多いほうが、電子をより引きつける。

解き方　　酸化物イオンには陽子の数が8個、マグネシウムイオンには陽子の数が12個ある。陽子と電子はそれぞれ正負の電荷をもつから、互いに引きつけ合う。つまり、電子の数が同じ状況では、陽子の数が多いほうが原子核の正の電荷が大きいため、より電子を引きつける。よって、イオンの半径はマグネシウムイオンの方が小さい。

答　O^{2-} より Mg^{2+} のほうが陽子の数が多いことから、電子がより引きつけられるため。（35文字）

第3章　化学結合

教科書の整理

第❶節　イオン結合

教科書 p.56〜63

A　イオン結合とイオンからなる物質

❶ イオン結合

クーロン力（静電気的な引力）　正の電荷をもつ陽イオンと負の電荷をもつ陰イオンの間に働く静電気的な引力。

イオン結合　クーロン力による陽イオンと陰イオンの結びつき。

> **テストに出る**
> イオンからなる物質は組成式で表す。

❷ 組成式　物質を構成する原子（原子団）の割合を最も簡単な整数の比で表したもの。イオンからなる物質は，組成式を用いて表す。このとき，以下のことに注意する。

> **陽イオンの正電荷の総量＝陰イオンの負電荷の総量**
> **陽イオンの価数×陽イオンの数＝陰イオンの価数×陰イオンの数**

組成式のつくり方　組成式は，以下のようにしてつくる。

①	陽イオンを前，陰イオンを後に書く。	Na^+　　　　O^{2-} 陽イオン（1価）　陰イオン（2価）
②	正負の電荷の総量が等しくなるように，陽イオンと陰イオンの最も簡単な整数の比を考える。	陽イオンの価数×数＝陰イオンの価数×数 $1 \times x = 2 \times y$ $x : y = 2 : 1$
③	陽イオン，陰イオンの電荷を除き，②で求めた数を右下に示す。	Na_2O_1
④	1は省略。多原子イオンが2個以上の場合，多原子イオンを（　）で囲む。*	Na_2O 組成式
名称	名称は陰イオン，陽イオンの順に。「〜イオン」「〜物イオン」は省略。	酸化物~~イオン~~＋ナトリウム~~イオン~~ →酸化ナトリウム

＊（例）水酸化カルシウム $Ca(OH)_2$

B　イオン結晶

❶ 結晶　原子や分子，イオンなどを構成する粒子が規則正しく配列した固体。

❷ イオン結晶　陽イオンと陰イオンが，イオン結合によって結びついた結晶。

イオン結晶の性質　イオン結晶は正負の静電気で強く結びついているため，以下の性質をもつ。

・硬いが，ある面に沿って割れやすい(劈開)。

・融点が高い。

❸ イオンからなる物質の性質

・結晶(固体)は電気を通さない。

・融解した液体や水溶液は電気をよく通す。

・水に溶けるものが多い。

電離　物質が水溶液中でイオンに分かれること。

電解質　水溶液中で電離する物質。水溶液は電気を通す。

非電解質　水溶液中で電離しない物質。水溶液は電気を通しにくい。

もっと詳しく

イオン結晶は，強い力を加えられると正負同じ電荷をもつイオンが向かい合って互いに反発する。このため，ある面に沿って割れやすい。

教科書の整理　第３章

教科書 p.59　**発展**　**イオン結合の強さと融点**

陽イオンと陰イオンのもつ電荷の絶対値が大きいほど，陽イオンと陰イオンの距離が近いほど，イオンどうしの結合は強くなる。

❹ 単位格子とイオン結晶

単位格子　結晶を成り立たせる基本の構造。結晶は，単位格子が積み重なってできている。イオン結合では，１つのイオンが異なる種類のイオンと隣り合っており，隣り合う異なるイオンの数を配位数という。例えば，NaCl では，基本構造が立方体であり，このような単位格子を立方格子という。

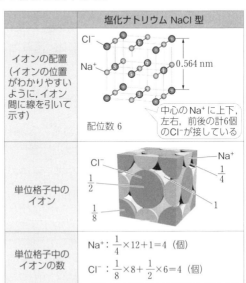

塩化ナトリウム NaCl 型	
イオンの配置 (イオンの位置がわかりやすいように，イオン間に線を引いて示す) 配位数 6	Cl^- Na^+ 0.564 nm 中心の Na^+ に上下, 左右, 前後の計6個の Cl^- が接している
単位格子中の イオン	Cl^- $\frac{1}{2}$ $\frac{1}{8}$ Na^+ $\frac{1}{4}$ 1
単位格子中の イオンの数	Na^+ : $\frac{1}{4}\times12+1=4$ (個) Cl^- : $\frac{1}{8}\times8+\frac{1}{2}\times6=4$ (個)

> **教科書 p.61** **参考** **発展** **イオン結晶の配位数と安定性**
>
> 配位数は，陽イオンの半径 r_+ を陰イオンの半径 r_- で割った値が小さくなるほど配位数は小さくなる。イオンは，正負の電荷が同じイオンどうしが接すると互いに反発し合って不安定になる。陽イオンの半径が大きいとき（ⅰ）は，陰イオンどうしは接しないため安定する。しかし，陽イオンの半径が小さくなるに従って（ⅱとⅲ）陰イオンどうしが接するようになり，安定が失われていく。さらに半径が小さくなる（ⅳ）と陽イオンに接する陰イオンの数を減らして安定する。
>
>
> ⊖：陰イオン ⊕：陽イオン
>
> 大きい ← r_+ → 小さい
> （ⅰ）安定　（ⅱ）安定の限界　（ⅲ）不安定　（ⅳ）安定

❺ イオンからなる物質の所在と利用

イオンからなる物質 イオンからなる物質は多くの種類があり，様々なものに使われている。

（例）

- 塩化ナトリウム（NaCl）：調味料，医療での生理食塩水など。
- 炭酸水素ナトリウム（$NaHCO_3$）：重曹ともいう。入浴剤や胃腸薬など。
- 硫酸バリウム（$BaSO_4$）：消化器官のX線検査の造影剤（水に溶けずX線を通さないため）など。
- 塩化カルシウム（$CaCl_2$）：吸湿剤や道路の凍結防止剤など。

第❷節 共有結合

教科書 p.64〜85

A 共有結合と分子

- ❶ **分子** いくつかの原子が結びついてできたもので，その物質の化学的性質を失わない最小の単位。
- ❷ **分子式** 分子を表す式。分子をつくる原子の元素記号を示

し，それぞれの個数を右下につけて表す。1 つの原子からなる分子 (貴ガス) は単原子分子，2 つの原子からなる分子は二原子分子，3 つ以上の原子からなる分子を多原子分子という。

❸ 共有結合と分子

共有結合　非金属元素の原子どうしが，それぞれの価電子を共有し合って生じる結合。結合後は，それぞれの原子自体では同じ周期の貴ガスと同じ電子配置になることが多い。

(例 1)　水素分子での結合

水素分子 H_2 は，2 個の水素原子が結びついてできる。水素分子では，水素原子は価電子を 1 つずつ共有して安定し，それぞれ同じ周期の貴ガスであるヘリウムと同じ電子配置になる。

水素分子のでき方

(例 2)　水分子での結合

水分子 H_2O は，2 個の水素原子と 1 個の酸素原子が結びついてできる。水素原子は価電子を 1 つ，酸素原子は価電子を 2 つ共有し，水素原子はヘリウム原子と同じ電子配置に，酸素原子はネオン原子と同じ電子配置になる。

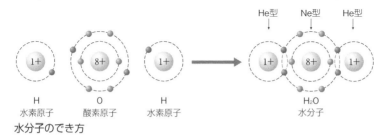

水分子のでき方

❹ 電子式

元素記号に最外殻電子を点 (・) で書き添えた，電子配置のモデル。電子式で 2 つが並んで対になっている電子を電子対，対になっていない電子を不対電子という。

教科書の整理　第 3 章

共有結合の電子対　原子は互いの不対電子を出しあって電子
対をつくり，共有結合で結びつく。原子どうしが共有して
できた電子対を共有電子対，もともと電子対になっている
ために共有されない電子対を非共有電子対という。

⑤ 構造式　分子内の原子どうしが共有してできた共有電子対
を１本の線で表した式。各原子での共有電子対の数は，共有
結合の際に電子を共有できる不対電子の数と同じであり，こ
の数を原子価という。

　１組の共有電子対で結ばれた結合を単結合，２組の共有電
子対で結ばれた結合を二重結合，３組の共有電子対で結ばれ
た結合を三重結合とよぶ。

> **⚠ここに注意**
>
> 電子式は最外
> 殻電子を点で
> 表した式。
> 構造式は共有
> 電子対を線で
> 表した式。

	塩化水素	二酸化炭素	窒　素
分子式	HCl	CO_2	N_2
電子式	H:C̈l:	:Ö::C::Ö:	:N⋮⋮N:
構造式	H–Cl 単結合 （１本の価標）	O=C=O 二重結合 （２本の価標）	N≡N 三重結合 （３本の価標）

分子の電子式と構造式

1価	H–　F–　Cl– Br–　I–
2価	–O–　–S–
3価	–N–　–P–
4価	–C–　–Si–

原子の原子価と価標

⑥ 分子の形　分子中の電子対どうしは，互いの電子がもつ負
の電荷によって，互いに反発し合って離れようとする。この
性質から分子の形を考えることができる。
（例）水素分子（直線形），水分子（折れ線形，Ｖ字形），アン
モニア分子（三角錐形），二酸化炭素分子（直線形）

教科書 p.70〜71 **発 展** 電子の軌道と分子の形

①電子殻と電子の軌道

電子の軌道　電子が原子核のまわりを広がりをもった範囲で運動する，電子の存在範囲(電子雲)。

電子の軌道の種類　電子の軌道では，同じエネルギー(電子殻)の軌道が s 軌道は 1 つ，p 軌道は 3 つ，d 軌道は 5 つ存在する。また，各軌道には 2 個ずつ電子が入る。

電子殻と電子の軌道

電子殻	存在する電子の軌道	軌道の数	収容電子数
K	1s	1	2
L	2s　2p($2p_x$, $2p_y$, $2p_z$ の 3 つ)	4	8
M	3s　3p(3 つ)　3d(5 つ)	9	18
N	4s　4p(3 つ)　4d(5 つ)　4f(7 つ)	16	32
⋮	⋮	⋮	⋮

②混成軌道と分子の形

混成軌道　メタン分子 CH_4 ができるとき，炭素 C にある 2s 軌道と 3 つの 2p 軌道の計 4 つの軌道が混合してできる，新しい 4 つの軌道を sp^3 混成軌道という。

❼ **配位結合**　一方の原子の非共有電子対を共有してできる結合。

(例)オキソニウムイオン H_3O^+　オキソニウムイオンは，酸素の非共有電子対が 1 つの水素イオンと共有されて生じる。

オキソニウムイオン

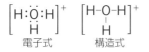

電子式　　　　構造式

> **⚠ここに注意**
> 配位結合は，いったんできてしまうと他の共有結合と区別がつかなくなる。

❽ **錯イオン**

錯イオン　分子やイオンが非共有電子対を提供して金属イオンと配位結合することでできるイオン。

配位子　錯イオンにおいて，金属イオンに非共有電子対を提供する分子やイオン。

(例)NH_3(名称：アンミン)

> **教科書 p.73** 　**発展**　**錯イオンの構造と名称**
>
> ①錯イオンでは，中心となる金属イオンの種類によって配位数と錯イオン全体の形がほぼ決まる。
>
> ②配位子の数と名称の呼び方は，通常の分子やイオンとは異なる。
>
> 　(数の例)1(モノ)，2(ジ)，3(トリ)…
>
> 　(名称の例)H_2O(アクア)，NH_3(アンミン)…

B 電気陰性度と分子の極性

❶ 電気陰性度　異なる種類の原子が共有結合するときの，共有電子対を引きつける強さの尺度。値が大きいほど共有電子対を強く引きつける。一般に，貴ガスを除き，周期表の右上にある元素ほど電気陰性度が強くなる。

❷ 結合の極性　共有結合している原子の間に電荷の偏りがあるとき，結合に極性があるという。電気陰性度が異なる原子の結合では必ず生じる。

❸ 分子の極性

極性分子　分子全体として極性がある分子。

無極性分子　分子全体として極性がない分子。結合自体に極性がない場合や，同原子での2原子分子の結合の場合，結合の極性が全体として打ち消される場合がある。

C 分子からなる物質の性質

❶ 分子からなる物質

分子間力　分子間に働く弱い結合の力。ファンデルワールス力，極性分子間に働く静電気的な引力，水素結合による分子間の相互作用などをまとめたよび方。

❷ 分子結晶　分子が規則正しく並び，分子間力によって結びついている固体。

(例)ドライアイス CO_2，ヨウ素 I_2，ナフタレン $C_{10}H_8$ など

分子結晶の性質

・軟らかく，くだけやすい。　・融点の低いものが多い。

・固体，融解液ともに，電気を通さない。

・昇華しやすいものがある(ドライアイス，ヨウ素，ナフタレンなど)。

🔍 もっと詳しく

電気陰性度は，フッ素 F が最大となる。

📝 テストに出る

分子結晶は結びつきが弱いため，軟らかくて砕けやすく，融点が低い。

D 分子間力　発展

❶ **ファンデルワールス力**　分子と分子の間に働く弱い引力。
液体や気体の状態でも働き，分子の質量（分子量）が大きいほ
ど強くなり，沸点が高くなる傾向がある。

❷ **水素結合**　電気陰性度が大きい原子（F，O，N）の間で水素
原子Hが仲立ちする形で起こる結合。ファンデルワールス力
よりも強く働くので，沸点が異常に高くなる。

❸ **水の特性**　水は，凝固して固体になると体積が増えて密度
が減る特性をもつ。これは，水では分子と分子の間に水素結
合が働き，固体の氷では隙間が多い構造をもつことが原因で
ある。また，液体の状態では水素結合の一部が切れて隙間を
もつ構造が壊れてしまうため，体積が減って密度が増える。

E 分子からなる物質の例

❶ **分子からなる無機物質**

無機物質　炭素原子を含まない物質。炭素を含まない化合物
は，無機化合物とよばれるが，炭酸カルシウムや一酸化炭
素，二酸化炭素は無機化合物に含まれる。

（無機物質の例）

・**水素** H_2　最も軽い気体で，燃料電池やロケットの燃料に
利用。

・**酸素** O_2　空気中の約 21 % を占める。酸化力が強い。

・**窒素** N_2　空気中の約 78 % を占める。比較的安定した気体。

・**塩素** Cl_2　黄緑色で刺激臭をもつ気体。漂白作用をもち，
殺菌に用いられる。

・**アンモニア** NH_3　無色で刺激臭をもつ気体。水に非常に
溶けやすい。

・**二酸化炭素** CO_2　無色・無臭の気体で空気の約 0.04 % を
占める。

❷ **有機化合物**　炭素を含む化合物。

（有機化合物の例）

・**メタン** CH_4　天然ガスの主成分。

・**ヘキサン** C_6H_{14}　ガソリンの成分の1つで，有機溶媒とし
て利用される。

もっと詳しく
水素結合は，F，O，N が負の電気を帯び，H が正の電気を帯びて引き合うことで生じる。

教科書の整理　第3章

ここに注意
一酸化炭素・二酸化炭素・炭酸カルシウムなどは無機化合物に含まれる。

・**酢酸** CH_3COOH　調味料や食品の保存などに利用される。

・**エタノール** C_2H_5OH　酒や消毒液，燃料などに使われる。

❸ **高分子化合物**　小さな分子がいくつも結合(重合)してできた分子からなる物質。

・**天然高分子化合物**　天然に存在する高分子化合物。デンプンやタンパク質など。

・**合成高分子化合物**　石油などを原料に，人工的につくりだした高分子化合物。

(合成高分子化合物の例)

・**ポリエチレン**(PE)　エチレンを原料とする。エチレンに含まれる炭素原子が別のエチレン中の炭素原子と結びつき，これを繰り返す(付加重合)ことでできる。ポリ袋などに利用される。

・**ポリエチレンテレフタラート**(PET)　ペットボトルなどに利用。テレフタル酸とエチレングリコールを原料に，2つの分子から水分子が取れて結合することを繰り返してできる。水分子など簡単な分子が取れて結合(重合)していく反応を縮合反応(縮合重合)という。

・**ポリスチレン**(PS)　発泡ポリスチレンなどに利用。

・**ポリプロピレン**(PP)　容器などに利用。

F　共有結合結晶

❶ **共有結合結晶とその性質**

共有結合結晶　多数の非金属元素が共有結合で結びつき，規則正しく配列した固体。組成式で表す。

共有結合結晶の性質

・非常に硬い(黒鉛は軟らかい)。

・融点が非常に高い。　・水に溶けにくい。

・電気を通しにくい(黒鉛はよく通す)。

❷ **ダイヤモンドと黒鉛**

ダイヤモンド C　非常に硬く，電気を通さない。炭素原子が隣り合う4個の炭素原子と共有結合して正四面体の立体的な構造をもつ。

もっと詳しく
高分子化合物のもととなる小さい分子を単量体(モノマー)，高分子化合物を重合体(ポリマー)という。

教科書の整理　第3章

黒鉛(グラファイト)C　もろくはがれやすく，電気をよく通す。炭素原子が隣り合う3つの炭素原子と共有結合して正六角形の平面的な構造をもつ。

❸ ケイ素と二酸化ケイ素

ケイ素 Si　半導体(金属など電気を通す導体と電気を通さない絶縁体の中間の電気伝導性を示す)として利用される。

二酸化ケイ素 SiO_2　ケイ素と酸素が交互に共有結合で結びついた物質。天然では石英(水晶)などとして存在し，石英ガラス，光ファイバーなどに利用される。

第❸節　金属結合

教科書 **p.86〜91**

A 金属の結合

❶ 金属結合

自由電子　金属中を自由に動きまわる電子。

金属結合　金属原子どうしが自由電子を共有し合ってできる結びつき。

金属結晶　規則正しく並んだ金属原子が結合してできた結晶。

化学結合　イオン結合，金属結合，共有結合などをまとめたよび名。

❷ 金属の性質

・特有の光沢をもつ(金属光沢)。

・電気伝導性や熱伝導性に優れている。

・たたくとうすく広がり(展性)，引っ張ると長く伸びる(延性)。

・融点は，水銀 Hg のように低いものから，タングステン W のように高いものまである。

・一般に，典型元素の金属より遷移元素の金属のほうが密度が大きい。

> **👀もっと詳しく**
> 金属では，自由電子の働きにより熱や電気をよく伝える。

B 代表的な金属と合金

・**鉄** Fe　鉄鉱石を還元してつくられる。磁石に強く引きつけられる。また，湿った空気中でさびやすい。

・**銅** Cu　赤みを帯びた金属。黄銅鉱などの銅鉱石を還元して

つくられる。展性・延性に富むだけでなく，電気伝導性も優れており，電気器具の導線や部品に利用される。

・**アルミニウム** Al 銀白色の金属で，アルミナを還元してつくられる。密度が小さく展性に富むため，アルミニウム箔，缶，一円硬貨などに利用されている。空気中では酸化アルミニウムがうすい被膜をつくり，内部をさびにくくする。

・**水銀** Hg 常温で液体である唯一の金属。温度計や蛍光灯などに使われた。水銀の合金をアマルガムという。

◆ **合金** 金属に別の種類の金属などを溶かし合わせた材料。もとの金属と異なる性質を示し，様々な用途に利用される。

代表的な合金

・**ステンレス鋼** 鉄にクロム，ニッケルなどを合わせた合金。鉄とは違ってさびにくく，台所製品などに利用される。

・**ジュラルミン** アルミニウムに銅，マグネシウム，マンガンなどを合わせた合金。軽くて丈夫であるため，飛行機の機体などに利用される。

・**黄銅**(真ちゅう) 銅に亜鉛を合わせた合金。黄色い光沢をもち，楽器や仏具，5円硬貨などに利用されている。

C 金属結晶の構造 発展

◆ **金属結晶の単位格子**

金属結晶の単位格子の構造には，体心立方格子・面心立方格子・六方最密構造の主に3つの構造がある。

・**体心立方格子** 単位格子は立方体。原子は，立方体の中心1個，立方体の各頂点に $\frac{1}{8}$ 個ずつ配置されている(次図の左)。

・**面心立方格子** 単位格子は立方体。原子は立方体の各面の中心に $\frac{1}{2}$ 個ずつ，各頂点に $\frac{1}{8}$ 個ずつ配置されている(次図の中央)。

・**六方最密構造** 原子は正六角柱の各頂点に $\frac{1}{6}$ 個ずつ，各面の中心に $\frac{1}{2}$ 個ずつ配置されている(次図の右)。正六角柱1つにつき，単位格子が3つあると考える。

> **テストに出る**
>
> ステンレス鋼は鉄・クロム・ニッケルなどの合金 ジュラルミンはアルミニウム・銅・マグネシウム・マンガンなどの合金

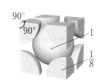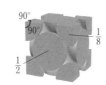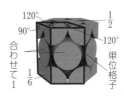

教科書
p.91 **参考** **発展** 金属結晶の構造と充塡率

①**原子半径**　原子の半径。結晶の金属原子が球の形で，かつ原子どうしが接しているとする。このとき，体心立方格子と面心立方格子の原子の半径の大きさは，原子の中心を通るように切り取った断面図から求めることができる。

②**充塡率**　金属原子を球の形と考えたとき，原子が金属結晶の中の空間をどれだけ占めているかを表す割合。単位格子の体積と単位格子中にある原子の体積の比で表される。六方最密構造と面心立方格子は充塡率74%で最も原子が密に並んでおり，このような構造を最密充塡構造という。

$$充塡率＝\frac{原子の体積×単位格子中の原子の数}{単位格子の体積}$$

第❹節 物質の分類と融点

教科書 p.92〜93

粒子間の結合の強さ　粒子間の結合の種類によって，結合の強さが異なる。

共有結合＞イオン結合≫分子間力

※金属結合の強さには幅があるが，分子間力よりは強い。

結晶どうしの比較　粒子間の結合の種類によって，その結晶は異なる特徴を示す。

⚠ここに注意
イオン結晶の物質でもMgOなどアルカリ金属やアルカリ土類金属の酸化物は水に溶けにくい。

結　晶	金属結晶	イオン結晶	共有結合結晶	分子結晶
結　合	金属結合	イオン結合	共有結合	分子間による結合
例	鉄，銅	酸化銅(Ⅱ)	ダイヤモンド	ヨウ素，水
化学式	組成式	組成式	組成式	分子式
電気伝導性	あり	なし*	なし	なし
融　点	低い〜高い	高い	非常に高い	低い
外力に対する性質	展性・延性を示す	硬いが，割れやすい	非常に硬い	軟らかく，砕けやすい

＊液体や水溶液は電気伝導性がある。

実験・探究のガイド

教科書 p.72 **実験** 4. 分子模型をつくる 　関連：教科書 p.68, 69

操作 の留意点

1. この実験は，模型をつくることが目的ではなく，形を確認することが目的であることに留意する。

2. 電子式や構造式を参考にして棒で結んでいくと，分子の形を完成させやすい。

結果 のガイド

分子の形は，以下のような形になる。つくった分子模型と比較して考えてみよう。

・H_2：直線形　　　・CH_4：正四面体形　　　・NH_3：三角錐形

・H_2O：折れ線形（V 字形）　　　・CO_2：直線形

教科書 p.75 **実験** 5. 分子の極性と水溶性

方法 の留意点

1. やってみる前に結果を予想するとよい。

2. メタノールは人体に有害な物質なので，気体を吸い込まないように十分に換気して行う。また，液体でも口に入れたりしないようにする。

3. ヨウ素は素手で触れないようにする。

結果と考察 のガイド

結果と考察　① 分子の極性と水溶性との関係をまとめよ。

　　　　　　② 少量のヘキサンに等量のメタノールを加えて混ぜるとどうなるか，結果を
　　　　　　　メタノール分子の構造から説明せよ。

① （例）極性分子は水に溶けやすいが，無極性分子は水に溶けにくい。

　　分子からなる物質について，極性分子どうしでは溶け合いやすいが，極性分子と無極性分子の組み合わせでは溶け合いにくい。水は極性分子だから，極性分子は水に溶けやすいが，無極性分子は水に溶けにくい。

② （例）ヘキサンとメタノールが完全には溶け合わず，2 層に分かれた状態になる。これは，メタノール分子が全体として電荷を打ち消せない極性分子の構造をとることから，無極性分子であるヘキサンと溶け合いにくいためである。ただし，メタノール分子の極性は水ほど強くなく，メタノール分子中の CH_3- の部分は極性がないので，そこで少しヘキサンと混じり合う。

| 教科書 p.87 | 🧪 実 験 | 6. 金属の性質 |

操作 の留意点

1．金属の破片が飛び散ったときに目に入らないように，実験の際は保護眼鏡をかけるようにする。

2．金属をたたく際に，誤って指などをたたいてしまわないように注意する。

結果 のガイド

1．金属は，原子の並び方が変わっても自由電子が結合を維持するため，たたくとうすく広がる性質をもつ。このたたくとうすく広がる性質を展性といい，引っ張ると長く伸びる性質を延性という。

2．銅・鉛・亜鉛では，どの金属が最も変形しやすかったか考えてみよう。

3．主な金属を展性の大きいほうから順に並べると，次のようになる。

    Au > Ag > Pb > Cu > Al > Sn > Pt > Zn > Fe > Ni

　　展性も延性もどちらも伸びる性質だが，必ずしも同じ性質ではなく，例えば鉛Pb は展性は優れているが，延性は劣る（引っ張るとちぎれる）。

👀もっと詳しく

金属の展性と延性

　金属のたたくと広がる性質を展性，引っ張ると長く伸びる性質を延性という。展性や延性は，金属が外部からの力によって崩れたり切れたりして壊れることなく，うすく広がったり長く伸びたりして変形する性質である。金属結晶では，金属原子の価電子は特定の原子の中にとどまらず，結晶内のすべての原子に共有された自由電子として存在する。金属では，自由電子によって原子どうしが結合しているため，外部から力が加わっても金属結合は切れることなく，結晶内の原子がずれるように動いて位置を変えても結合が維持されるため，金属結晶は壊れず変形する。

　展性と延性を合わせて展延性ともいう。金 Au は展延性に優れ，金箔（金に銀や銅をわずかに加えた合金が用いられる）は，厚さが 0.0001mm 程度になるまでたたいて広げたもので，金原子 300 個分ほどの厚みということになる。このとき，体積 $1\,cm^3$ の金からできる金箔の面積は約 $10\,m^2$ になる。

　なお，主な金属を延性の大きいほうから順に並べると，次のようになる。

    Au > Ag > Pt > Fe > Ni > Cu > Al > Zn > Sn > Pb

問のガイド

教科書 p.57
問 1　次のイオンの組み合わせからなる物質の組成式と名称をそれぞれ記せ。
(1)　Li^+ と Cl^-　　　　(2)　Mg^{2+} と OH^-
(3)　Al^{3+} と O^{2-}　　　(4)　NH_4^+ と CO_3^{2-}

ポイント　陽イオンと陰イオンの電荷がつり合うような比を考える

解き方(1)　Li^+ と Cl^- の電荷がつり合うような比は，$1:1$ である。よって，組成式は $LiCl$ となる。
(2)　Mg^{2+} と OH^- の電荷がつり合うような比は，$1:2$ である。よって，組成式は $Mg(OH)_2$ となる。
(3)　Al^{3+} と O^{2-} の電荷がつり合うような比は，$2:3$ である。よって，組成式は Al_2O_3 となる。
(4)　NH_4^+ と CO_3^{2-} の電荷がつり合うような比は，$2:1$ である。よって，組成式は $(NH_4)_2CO_3$ となる。

答（組成式　名称の順に）
(1)　$LiCl$，塩化リチウム
(2)　$Mg(OH)_2$，水酸化マグネシウム
(3)　Al_2O_3，酸化アルミニウム
(4)　$(NH_4)_2CO_3$，炭酸アンモニウム

教科書 p.66
類題 1　窒素原子 N 1 個と水素原子 H 3 個からアンモニア分子 NH_3 ができるときの様子を，電子式を用いて表せ。

ポイント　電子式は，最外殻電子を「・」で表した式

解き方　窒素原子の最外殻電子の数は 5 個である一方で，3 個存在する水素原子には最外殻電子がそれぞれ 1 個ずつ存在している。このため，3 個の水素原子が窒素原子とそれぞれ結びつき，窒素原子の最外殻電子のうち，余った 2 つの電子が非共有電子対をつくる。

答　$\cdot \ddot{N} \cdot \ + 3H\cdot \ \longrightarrow \ H\!:\!\overset{\cdot\cdot}{N}\!:\!H$
　　　　　　　　　　　　　　　H

教科書
p.67
問 2　　次の物質の電子式と構造式を書き，共有電子対と非共有電子対がそれぞれ何組あるか答えよ。
(1)　フッ素 F_2　　　(2)　フッ化水素 HF　　　(3)　硫化水素 H_2S
(4)　エタン C_2H_6　　　(5)　エチレン C_2H_4（二重結合を含む）
(6)　シアン化水素 HCN（三重結合を含む）

ポイント　　共有電子対と非共有電子対の数は，電子式を書いて考える

解き方　　構造式は，原子どうしが電子を共有してできた共有電子対を1本の線で表した式である。このため，二重結合では2本の線が引かれ，三重結合では3本の線が引かれる。構造式や共有電子対・非共有電子対の個数は，電子式を書いて考えると分かりやすい。共有電子対は他の原子と電子を共有している電子対，非共有電子対は他の原子と電子を共有しない電子対だから，これをもとに組数を考える。

答　電子式，構造式，共有電子対，非共有電子対の順に

(1)　:F:F:　　F-F　　1, 6　　(2)　H:F:　　H-F　　1, 3

(3)　H:S:H　　H-S-H　　2, 2　　(4)　H:C:C:H（H H / H H）　　H-C-C-H　　7, 0

(5)　C::C（H H / H H）　　C=C　　6, 0　　(6)　H:C::N:　　H-C≡N　　4, 1

教科書
p.72
問 3　　次のうち，配位結合を含むものをすべて選び，記号で答えよ。
(ア) H_2O_2　　(イ) NH_4Cl　　(ウ) HCl　　(エ) $(NH_4)_2SO_4$

ポイント　　NH_4^+ や H_3O^+ には配位結合がある。

解き方　　塩化アンモニウム(イ)，硫酸アンモニウム(エ)では，アンモニウムイオン NH_4^+ が配位結合を含む。

答　(イ), (エ)

章末問題のガイド 第3章

章末問題のガイド

教科書 **p.95**

❶ イオン結合と組成式

関連：教科書 **p.57**

Aは陽イオン，Bは陰イオンを表すとしたとき，組成式が(1) AB_2，(2) A_3B_2 で表されるものを下の(ア)〜(エ)からそれぞれ選び，その物質の組成式を答えよ。

(ア)炭酸カリウム　(イ)水酸化カルシウム　(ウ)硫酸アルミニウム　(エ)リン酸バリウム

ポイント 正負の電荷がつり合うような比を考える。

解き方 (ア) 炭酸カリウムは，K^+ と CO_3^{2-} が結合してできている。正負の電荷がつり合う最も簡単な比は $K^+ : CO_3^{2-} = 2 : 1$ だから，組成式は K_2CO_3 となる。

(イ) 水酸化カルシウムは Ca^{2+} と OH^- が結合してできている。正負の電荷の比は $Ca^{2+} : OH^- = 1 : 2$ だから，組成式は $Ca(OH)_2$ となる。

(ウ) 硫酸アルミニウムは Al^{3+} と SO_4^{2-} が結合してできている。正負の電荷の比は $Al^{3+} : SO_4^{2-} = 2 : 3$ だから，組成式は $Al_2(SO_4)_3$ となる。

(エ) リン酸バリウムは Ba^{2+} と PO_4^{3-} が結合してできている。正負の電荷の比は $Ba^{2+} : PO_4^{3-} = 3 : 2$ だから，組成式は $Ba_3(PO_4)_2$ となる。

以上から，(1)と(2)に合う選択肢を選ぶ。

答 (1) (イ)，$Ca(OH)_2$ (2) (エ)，$Ba_3(PO_4)_2$

❷ 電子式と電子対

関連：教科書 **p.65〜72**

次の分子やイオンは，共有電子対と非共有電子対がそれぞれ何組あるか答えよ。

(1) Cl_2　(2) CH_4　(3) H_2O_2　(4) HCN　(5) CH_3OH　(6) NH_4^+

ポイント 共有電子対と非共有電子対は，電子式を書いて考える。

解き方 以下の電子式を参考にそれぞれの電子対について考える。

(1) $:\!\overset{..}{\underset{..}{Cl}}\!:\!\overset{..}{\underset{..}{Cl}}\!:$

(2) $H\!:\!\overset{\textstyle H}{\underset{\textstyle H}{C}}\!:\!H$

(3) $H\!:\!\overset{..}{\underset{..}{O}}\!:\!\overset{..}{\underset{..}{O}}\!:\!H$

(4) $H\!:\!C\!::\!N\!:$

(5) $H\!:\!\overset{\textstyle H}{\underset{\textstyle H}{C}}\!:\!\overset{..}{\underset{..}{O}}\!:\!H$

(6) $\left[\, H\!:\!\overset{\textstyle H}{\underset{\textstyle H}{N}}\!:\!H \,\right]^+$

答 共有電子対，非共有電子対の順に

(1) 1, 6 　　(2) 4, 0 　　(3) 3, 4

(4) 4, 1 　　(5) 5, 2 　　(6) 4, 0

---

❸ 分子間力　　　　　　　　　　　関連：教科書 **p.74～76, 92**

次の文中の(a)～(c)について，それぞれ正しい語句を選べ。

固体のヨウ素 I_2 やドライアイス CO_2 などは分子からなる物質である。分子間力は，イオン結合に比べて(a)[弱く・強く]，これらの固体は，加熱によって容易に液体や気体に変化する。分子からなる物質では，分子の質量がほぼ等しい場合，極性分子からなる物質のほうが無極性分子からなる物質よりも融点や沸点は(b)[高い・低い]。また，(c)[極性分子・無極性分子]からなる物質は，水に溶けやすい。

ポイント 分子間力と分子の極性について理解する。

極性分子どうしは溶け合いやすい。

解き方 (b) 極性分子では，電気陰性度の差によって共有電子対を引く力に差が出ている。このため，無極性分子よりも結合する力が強く，沸点や融点が高くなる。

(c) 極性分子の物質と無極性分子の物質は溶け合いにくいが，極性分子の物質どうしでは溶け合いやすい。水は極性分子だから，極性分子からなる物質のほうが水に溶けやすい。

答 (a) **弱く**　　(b) **高い**　　(c) **極性分子**

---

❹ 物質の例　　　　　　　　　　関連：教科書 **p.62, 63, 80, 81**

次の記述にあてはまる物質を下の(ア)～(ク)から選び，化学式で答えよ。

(1) 石灰石やチョークの主成分で，塩酸を加えると気体を発生する。

(2) 吸湿性があり，乾燥剤や道路の凍結防止剤に用いられている。

(3) 黒紫色の固体で昇華性があり，うがい薬に利用されている。

(4) 天然ガスの主成分で，構成元素は炭素と水素である。

　(ア) 塩化カルシウム　　(イ) 炭酸水素ナトリウム　　(ウ) 炭酸カルシウム

　(エ) 炭酸ナトリウム　　(オ) ヨウ素　　(カ) 塩化水素　　(キ) メタン

　(ク) 酢酸

ポイント 身のまわりで使われる物質について理解する。

解き方　(1)　炭酸カルシウムは，卵の殻からつくられるチョークや石灰石の主成分であり，化学式は $CaCO_3$ である。

(2)　塩化カルシウムは吸湿性があり，道路の凍結防止剤に用いられる。化学式は $CaCl_2$ である。

(3)　ヨウ素は昇華しやすい物質であり，うがい薬や消毒薬に利用される。化学式は I_2 である。

(4)　メタンは天然ガスの主成分となる有機化合物である。化学式は CH_4 である。

問いの答えではない(イ)，(エ)，(カ)，(ク)も化学式を書けるようにしておこう。

答　(1)　(ウ)，$CaCO_3$　　(2)　(ア)，$CaCl_2$
(3)　(オ)，I_2　　(4)　(キ)，CH_4

❺ 結晶中で働く力と結晶の性質　　関連：教科書 p.56〜93

A欄の物質が結晶のとき，物質に含まれるすべての力または結合をB欄から，またその性質として適切なものをC欄から，それぞれ選び記号で答えよ。

A欄　(1)　Cu　　(2)　I_2　　(3)　Si　　(4)　CCl_4　　(5)　KF　　(6)　NH_4Cl

B欄　(ア)　イオン結合　　(イ)　共有結合　　(ウ)　配位結合
(エ)　分子間力　　(オ)　金属結合

C欄　(a)　非常に硬く，融点がきわめて高い。
(b)　たたいても割れにくく，うすく広がったり，長く伸びたりする。
(c)　固体では電気を通さないが，液体や水溶液では電気を通す。
(d)　融点が低く，固体でも液体でも電気を通さない。

ポイント　イオン結合では，各イオンの原子がどのようにして結びついているのかを考える。
物質が共有結合の結晶・イオン結晶・金属結晶・分子結晶のどれになるのかを考える。

解き方　(1)　銅 Cu が結晶のとき，これは金属結晶である。このため，結合は金属結合，性質でも金属特有の展性や延性を示す。

(2)　ヨウ素 I_2 が結晶のとき，これは分子間力で分子が結合した分子結晶となる。また，ヨウ素原子は共有結合によって結びつき，分子となる。このため，融点が低い分子結晶の性質を示す。

(3)　ケイ素 Si が結晶のとき，これは共有結合で結びついた共有結合結晶
となる。このため，共有結合結晶の性質を示す。

(4)　四塩化炭素 CCl_4 は，炭素原子 C が 1 個に 4 個の塩素原子 Cl が共有
結合してできる。この CCl_4 が分子になるとき，各分子が弱い分子間力
で結びつく。このため，融点が低く固体でも液体でも電気を通さない性
質を示す。

(5)　フッ化カリウム KF において，カリウム K とフッ素 F はイオン結合
で結びついているから，KF が結晶のときはイオン結晶となる。このた
め，イオン結晶の性質を示し，液体や水溶液のときに電気を通す。

(6)　塩化アンモニウム NH_4Cl は，アンモニウムイオン NH_4^+ と塩化物イ
オン Cl^- がイオン結合してできている。ここで，NH_4^+ について，配位
結合と共有結合が行われている。また，イオン結晶としての性質を示し，
液体や水溶液のときに電気を通す。

答　(1)　(オ), (b)　　(2)　(イ), (エ), (d)

(3)　(イ), (a)　　(4)　(イ), (エ), (d)

(5)　(ア), (c)　　(6)　(ア), (イ), (ウ), (c)

---

❻ 原子間の化学結合の種類

関連：教科書 **p.56, 64**

次の原子の組み合わせから，原子どうしが(1)イオン結合をするもの，(2)共有結
合をするものをそれぞれすべて選び，記号で答えよ。

(ア) H, N　(イ) H, Cl　(ウ) H, He　(エ) Mg, O　(オ) Si, O　(カ) Al, Cl

ポイント　原則として，イオン結合は金属元素と非金属元素の結合。
共有結合は非金属元素どうしの結合。

解き方　ポイントにあるように，原則としてイオン結合は金属元素と非金属元素
の結合で，共有結合は非金属元素どうしの結合である。また，(ウ)のヘリウ
ムは貴ガスであるから，他の原子と結合しない。

答　(1)　(エ), (カ)

(2)　(ア), (イ), (オ)

思考力を鍛えるのガイド

1 電子式

関連：教科書 p.65〜72

次の(1)〜(4)は原子番号が1〜10までの非金属原子だけで構成された分子の電子式である。例のように各分子の電子式を記せ。　(例)　O:O:O　　　　H:O:H

(1) :O::O:　　　(2) :O:　　　(3) O:O:O:O:　　　(4) O:O::O:

ポイント 価電子から原子の種類を特定する。

解き方 原子番号が1〜10までの非金属原子だから，価電子の数から特定できる。

(1) 同じ種類の原子が結合していることから，価電子は5個とわかる。このため，原子の種類は窒素 N である。分子は窒素 N_2 である。

(2) 1個の原子のみで電子対を4つ形成している状態になっているため，貴ガスであるネオン Ne だとわかる。単原子分子である。

(3) 両端にある原子は，ともに電子を1個共有していることから価電子が1個だと判断できる。また，中心にある2個の原子には価電子が6個あると判断できる。このため，両端の原子は水素 H，中心の2個の原子は酸素 O だとわかる。分子は過酸化水素 H_2O_2 である。

(4) 左にある原子は価電子が1個であることから，水素 H だと特定できる。中心にある原子は，共有している電子が4個であることから価電子が4個の炭素 C だとわかる。このため，右にある原子は価電子が5個であることから窒素 N だとわかる。分子はシアン化水素 HCN である。

答 (1) :N::N:　　　(2) :Ne:　　　(3) H:O:O:H　　　(4) H:C::N:

2 分子の形と極性

関連：教科書 p.74, 75

分子内の電子対どうしは，電気的な反発によりできるだけ離れようとする。この性質を利用して分子の形が予想できる。このとき，非共有電子対と共有電子対は同等と考えてよく，また，二重結合や三重結合は，1組の電子対とみなすものとする。

次の(1)〜(7)の各分子について，その形を下の(ア)〜(エ)から選び記号で答えよ。

(1) H_2O　(2) CH_4　(3) CO_2　(4) HF　(5) H_2S　(6) PH_3　(7) CF_4

(ア) 直線形　　　(イ) 折れ線形　　　(ウ) 三角錐形　　　(エ) 正四面体形

ポイント　分子内の共有電子対や非共有電子対は，互いに反発して離れようとする。

解き方　(1)　水 H_2O 分子では，互いに反発して離れようとする電子対が，酸素原子を中心とする正四面体の形に配置される。このため，水素原子は正四面体の2個の頂点に配置されるから，分子の形は(イ)折れ線形になる。

(2)　メタン CH_4 分子では，炭素原子を中心に，4個の水素原子が正四面体の頂点にそれぞれ配置される。このため，分子の形は(エ)正四面体形になる。

(3)　二酸化炭素 CO_2 分子では，炭素原子と共有している2個ずつの共有電子対を酸素原子がそれぞれ引きつけている。このため，分子の構造は(ア)直線形となる。

(4)　フッ化水素 HF 分子では，異なる種類の原子が2個結合している。このため，分子の形は(ア)直線形となる。

(5)　硫化水素 H_2S 分子では，互いに反発して離れようとする電子対が，硫黄原子を中心とする正四面体の形に配置される。このため，水素原子は正四面体の2個の頂点に配置されて，分子の形は(イ)折れ線形となる。

(6)　ホスフィン(リン化水素，水素化リン)PH_3 分子では，互いに反発して離れようとする電子対が，リン原子を中心とする正四面体の形に配置される。このため，水素原子は正四面体の3個の頂点に配置されて，分子の形は(ウ)三角錐形となる。

(7)　四フッ化炭素(テトラフルオロメタン)CF_4 分子では，炭素原子を中心に4個のフッ素原子が配置されるから，分子の形は(エ)正四面体形となる。

答　(1)　(イ)　　(2)　(エ)　　(3)　(ア)　　(4)　(ア)　　(5)　(イ)　　(6)　(ウ)　　(7)　(エ)

3 物質の特徴と分類

関連：教科書 **p.56〜93**

原子 A〜E の電子配置を右表に示す。また，次の(ア)〜(オ)はそれぞれ原子 A〜E からなる物質である。

(ア)〜(オ)で働いている力または結合の種類を記せ。

(ア)　A のみ　　(イ)　B のみ　　(ウ)　C のみ

(エ)　E のみ　　(オ)　D と E

原子	K殻	L殻	M殻
A	2	4	
B	2	5	
C	2	8	1
D	2	8	2
E	2	8	7

ポイント　原子の状態では，原子番号＝陽子の数＝電子の数

> **解き方** 表から，各電子殻に入っている電子の数から，A〜E の原子を特定する。
> このとき，A は炭素原子 C，B は窒素原子 N，C はナトリウム原子 Na，
> D はマグネシウム原子 Mg，E は塩素原子 Cl だとわかる。
>
> (ア) A のみ，つまり炭素原子 C のみでできている物質は，炭素原子が共
> 有結合している黒鉛やダイヤモンドである。黒鉛は炭素が共有結合した
> 層が，分子間力で結合する。
>
> (イ) B のみ，つまり窒素原子 N のみでできている物質としては単体の窒
> 素が考えられる。窒素分子 N_2 は 2 個の窒素原子が共有結合してできて
> おり，これが分子間力で結びついて単体の窒素ができている。
>
> (ウ) C のみ，つまりナトリウム Na のみでできている物質は，金属のナト
> リウムである。このとき，金属結合が働いている。
>
> (エ) E のみ，つまり塩素原子 Cl のみでできている物質は単体の塩素であ
> る。単体の塩素は，共有結合によってできた塩素分子 Cl_2 が，分子間力
> によって結びついてできている。
>
> (オ) D と E，つまりマグネシウム原子 Mg と塩素原子 Cl でできている物
> 質は塩化マグネシウム $MgCl_2$ である。この物質は，マグネシウムイオ
> ンと塩化物イオンがイオン結合によって結びついてできている。

答 (ア) 共有結合(黒鉛の場合は分子間力も)　(イ) 共有結合，分子間力
(ウ) 金属結合　(エ) 共有結合，分子間力　(オ) イオン結合

---

4 共有結合結晶　　関連：教科書 **p.84, 85**

ダイヤモンドと黒鉛の電気伝導性の違いについて，「価電子」，「共有結合」の
用語を用いて 100 字程度で説明せよ。

ポイント 電気伝導性は，結合に使われていない電子が導くことで得られる。

> **解き方** ダイヤモンドでは，4 個の価電子すべてが立体構造を形成しているため，
> 電気を導く電子が残っていない。黒鉛は 4 個の価電子のうち 3 個を使って
> 層状構造を形成しており，残る 1 個の電子が電気を導くことができる。

答 ダイヤモンドは各炭素原子がすべての価電子を使って共有結合している
ので，電気伝導性はない。一方，黒鉛は各炭素原子が 3 個の価電子を使っ
て共有結合しており，残り 1 個の価電子が比較的自由に動くことができる
ため，電気伝導性がある。(110 文字)

5 分子の極性
関連：教科書 **p.74, 75**

次の(1)～(4)の分子内の電荷の偏(かたよ)りを，例のように $\delta+$ と $\delta-$ で示せ。また，無極性分子があれば，その番号を記せ。 （例） $\overset{\delta+\ \ \delta-}{\text{H-Cl}}$

(1) $\text{H}-\overset{\text{S}}{}-\text{H}$ （折れ線形）　(2) O=C=O （直線形）　(3) $\text{H}-\overset{\text{N}}{}-\text{H}$ （三角錐形）　(4) $\underset{\text{Cl}}{\overset{\text{Cl}}{\text{Cl}-\text{C}-\text{Cl}}}$ （正四面体形）

ポイント 電気陰性度が大きい原子が共有電子対を引きつける。
分子の極性の有無は，分子の結合における極性と分子の形から判断する。

解き方 分子内の電荷の偏りは，電気陰性度の差によって生じる。電気陰性度が大きいほうの原子は共有電子対を引き寄せてわずかに負の電荷を帯び，もう一方の原子はわずかに正の電荷を帯びる。負の電荷を帯びているほうを $\delta-$，正の電荷を帯びている方を $\delta+$ として示す。

なお，(1)～(4)の分子において，分子の形から無極性分子を選ぶ。このうち，(2)の二酸化炭素 CO_2 と(4)の四塩化炭素 CCl_4 が，左右上下に均等な形で共有電子対が配置されているため，無極性分子だとわかる。

答 (1) $\overset{\delta-}{\text{S}}$ $\underset{\delta+\ \ \delta+}{\text{H}\ \ \text{H}}$ 　(2) $\underset{\delta-\ \ \delta+\ \ \delta-}{\text{O=C=O}}$ 　(3) $\overset{\delta-}{\text{N}}$ $\underset{\delta+\ \ \delta+\ \ \delta+}{\text{H}\ \ \text{H}}$ 　(4) 略

無極性分子…(2)，(4)

6 金属の展性
関連：教科書 **p.86, 87**

金属は一般に，たたくとうすく広がる性質がある(展性)。金属がこの性質を示す理由を，50字程度で説明せよ。

ポイント 金属結晶の性質には，自由電子が大きく影響している。

解き方 金属結晶では，金属原子の価電子が自由電子として自由に動くことができる。金属に外部から力が加わったとき，金属原子の配列が変化するものの，自由電子の働きによって原子どうしの結びつきが維持される。このため，金属には展性や延性の特徴がある。

答 金属は，結晶内の原子が自由電子を共有して結合しており，外部から力が加わると原子の層が滑るように動くから。(52文字)

思考力を鍛えるのガイド 第3章

第2部 物質の変化

第1章 物質量と化学反応式

教科書の整理

第❶節 原子量・分子量・式量

教科書 p.98～101

A 原子量

❶ 原子の相対質量 原子の質量は，質量数 12 の炭素原子 ^{12}C の質量を端数なしの「12」と定め，これを基準とした相対質量で表され，比較される。

■ 重要公式

$$原子の相対質量 = 12 \times \frac{原子1個の質量}{^{12}C\ 原子1個の質量}$$

> **⚠ここに注意**
> 相対質量，原子量は，相対値なので単位をつけない。

❷ 原子量 原子の相対質量の平均値。同位体が存在する元素では，その天然存在比から相対質量の平均値を求める。

天然(自然界)に同位体が存在しない元素については，相対質量が原子量となる。単位はない。

■ 重要公式

$$原子量 = \left(同位体の相対質量 \times \frac{存在比(\%)}{100}\right) の総和$$

> **⚠ここに注意**
> 同位体の天然存在比はほぼ一定である。

B 分子量・式量

❶ 分子量 分子式にもとづいて，分子を構成する元素の原子量の総和を求めた値。原子量同様に相対値で単位はない。

❷ 式量 分子が存在しない物質における，分子量に相当する値。相対値なので，単位はない。

・イオンの式量はその化学式を構成する元素の原子量の総和。
・イオン結晶の式量は組成式を構成する元素の原子量の総和。
・金属やダイヤモンドのように組成式が元素記号で表されるものの式量は，原子量と同じ。

■ 重要公式

分子量・式量＝化学式に含まれる元素の原子量の総和

> **👀もっと詳しく**
> イオンになるときに増減する電子の質量は，もとの原子の質量に比べてはるかに小さいため，イオンの質量は，そのイオンを構成する原子の質量に等しいと考えてよい。

第❷節 物質量(mol)

教科書 p.102〜113

A アボガドロ定数と物質量

①**アボガドロ定数**　物質の量を扱うには，一定数の粒子の集団を単位とする。その単位集団の粒子数は，炭素原子 ^{12}C 12 g 中に存在する原子の数とほぼ一致し，この数 $6.02\cdots\times10^{23}$ に /mol をつけたものをアボガドロ定数 N_A という。

②**1 mol(モル)**　$6.02\cdots\times10^{23}$ 個の粒子の集団を 1 mol と定義する。

③**物質量**　mol を単位として示された物質の量。

■ 重要公式

$$物質量〔mol〕=\frac{粒子の数(個)}{アボガドロ定数 N_A〔/mol〕}$$
←原子・分子・イオンの数
←$6.02\cdots\times10^{23}$/mol

> ⚠**ここに注意**
>
> 物質 1 mol とは，構成粒子 $6.02\cdots\times10^{23}$ 個の集団を指す。1 mol の水素分子 H_2 には，2 mol の水素原子 H が含まれることに気をつけよう。

B 物質量と質量

◆ **モル質量**　物質 1 mol 当たりの質量。単位はグラム毎モル(単位記号 g/mol)で，原子量や分子量，式量に g/mol をつけて表す。つまり，1 mol の物質($6.02\cdots\times10^{23}$ 個の粒子の集団)の質量は，原子量や分子量，式量に単位の g をつけたものとなる。

> 📋**テストに出る**
>
> 原子量・分子量(相対質量)の比
> ＝アボガドロ数個の集団の質量の比
> ＝$6.02\cdots\times10^{23}$ 個の集団の質量の比
> ＝モル質量の比

■ 重要公式

$$物質量〔mol〕=\frac{質量〔g〕}{モル質量〔g/mol〕}$$

教科書 p.104 📎**参考**　**アボガドロ定数を概算する実験**

　ステアリン酸を溶媒に溶かし，水面に滴下すると，溶媒が蒸発した後，水面では，ステアリン酸の分子 1 層からなる膜(単分子膜)ができる。このとき単分子膜の面積と滴下したステアリン酸の物質量がわかれば，アボガドロ定数が求められる。

$$アボガドロ定数 N_A〔/mol〕=\frac{\dfrac{単分子膜の面積〔cm^2〕}{ステアリン酸 1 分子の断面積〔cm^2〕}}{滴下したステアリン酸の物質量〔mol〕}$$

C 物質量と気体の体積

◆ **アボガドロの法則**　気体の体積と気体分子の数との間に成り立つ次の法則。空気のような混合気体でも成り立つ。

■ 重要法則
同じ温度，同じ圧力のもとで，すべての気体は，その種類に関係なく同体積中に同数の分子を含む。

❷ **物質量とモル体積**　物質 1 mol あたりの体積。
　0 ℃，$1.013×10^5$ Pa（標準状態）における気体のモル体積は，気体の種類に関係なくほぼ 22.4 L/mol である。

■ 重要公式

$$物質量〔mol〕＝\frac{気体の体積〔L〕}{モル体積〔L/mol〕}$$

❸ **気体の密度とモル質量**　気体の場合，密度は 1 L 当たりの質量〔g〕で表す。

■ 重要公式

$$密度〔g/L〕＝\frac{モル質量〔g/mol〕}{モル体積〔L/mol〕}$$

↑
1 L 当たりの質量

❹ **混合気体とそのモル体積**（見かけの分子量）　混合気体を 1 種類の分子からなるとして求めた，見かけの分子量（平均分子量）は，混合気体のモル質量を，成分気体のモル質量とその混合割合から求めた値になる。

D 溶液の濃度

❶ **溶液と濃度**
　①**溶解**　物質が液体に溶けて，全体が均一な液体になる現象。
　②**溶媒・溶質**　溶解において，他の物質を溶かしている液体を**溶媒**，溶けている物質を**溶質**という。
　③**溶液**　溶媒と溶質が混合して均一になっている液体。
　④**水溶液**　溶液で，溶媒が水の場合を特に水溶液という。
　⑤**濃度**　溶液に含まれる溶質の割合。質量パーセント濃度やモル濃度などがある。
　⑥**質量パーセント濃度**　溶液の質量に対する溶質の質量の割合を百分率（パーセント，%）で表した濃度。

■ 重要公式

$$質量パーセント濃度(\%)＝\frac{溶質の質量〔g〕}{溶液の質量〔g〕}×100＝\frac{溶質の質量〔g〕}{溶質の質量〔g〕＋溶媒の質量〔g〕}×100$$

⑦**モル濃度**　溶液 1 L 当たりの溶質の量を物質量〔mol〕で表した濃度。単位はモル毎リットル（記号 mol/L）。溶液のモル濃度と体積 V〔L〕または v〔mL〕から溶質の物質量がわかる。

■ **重要公式**

$$モル濃度〔mol/L〕 = \frac{溶質の物質量〔mol〕}{溶液の体積〔L〕}$$

$$溶質の物質量〔mol〕 = モル濃度〔mol/L〕 \times 溶液の体積〔L〕$$

> **▲ここに注意**
> 水和とは，イオンなどが水分子と引き合う現象のことである。

> 教科書の整理　第 1 章

教科書 **p.112** 🖇 **参考**　**溶解度**

① **飽和溶液**　一定温度で一定量の溶媒に，溶ける量の限度まで溶質が溶けた溶液。

② **溶解度**　溶媒 100 g に一定温度で溶解する溶質の最大質量〔g〕の値。質量パーセント濃度などで表すこともある。

③ **水和物**　結晶中に一定の割合で水分子（水和水または結晶水という）を含む化合物。水和物の水溶液の質量パーセント濃度は，無水物の質量〔g〕を溶質の質量として表す（水和水の質量は溶媒である水の質量に含める）。

④ **溶解度曲線**　溶解度と温度の関係を表すグラフ。

⑤ **再結晶**　固体物質を適当な溶媒に溶かし，溶解度の差を利用して物質を分離・精製する方法。

第❸節 化学反応式と化学変化の量的関係　教科書 p.114〜127

A 化学反応式

◆ **化学反応式**　化学式を用いて化学変化を表した式。

❷ **化学反応式のつくり方**

①**反応物と生成物**　化学変化において，反応する物質を**反応物**，生成する物質を**生成物**という。

②**化学反応式（反応式）のつくり方**

　[1]　反応物の化学式を左辺，**生成物**の化学式を右辺に書き，化学変化の向き（反応物から生成物へ）を示す矢印「⟶」で両辺を結ぶ。

　[2]　同じ元素の原子の数が両辺で等しくなるように係数を決める。係数は，最も簡単な整数の比になるようにし，1 の場合は省略する。

> **🐛🐛もっと詳しく**
> 水和物のモル濃度は，溶液 1 L に含まれる無水物の物質量〔mol〕で示す。

> **▲ここに注意**
> 化学変化では，変化の前後で原子の種類と数は変わらない。

教科書 p.115 参考 複雑な化学反応式のつくり方(未定係数法)

　複雑な化学反応式では，各化学式の係数を未知数として文字で表し，両辺の各原子の数が等しくなるように連立方程式を立てて係数を決める。この方法を**未定係数法**という。

❸ **イオン反応式** イオンが関係する反応で，反応に関与しないイオンを省略した(反応に関与したイオンのみに着目した)反応式。

> ⚠ **ここに注意**
> イオン反応式の両辺では，原子の種類と数だけでなく，電荷の総和も等しい。

■ 重要法則 ─────
イオン反応式のつくり方

例 硝酸銀 $AgNO_3$ 水溶液と塩化ナトリウム $NaCl$ 水溶液の混合による塩化銀 $AgCl$ の沈殿反応

①化学反応式をつくる。

$$AgNO_3 + NaCl \longrightarrow AgCl\downarrow + NaNO_3$$

②電離しているイオンを化学式で表す。

$$Ag^+ + NO_3^- + Na^+ + Cl^- \longrightarrow AgCl\downarrow + Na^+ + NO_3^-$$

③反応に関与しないイオンを消去する。

$$Ag^+ + Cl^- \longrightarrow AgCl\downarrow$$

> 📝 **テストに出る**
> $AgCl$ は水にほとんど溶解せず，白色沈殿となる。

教科書 p.117 参考 化学反応式での表記の工夫

①矢印の上に触媒や加熱などの反応の条件を書き加える。

例 $$2H_2O_2 \xrightarrow{MnO_2} 2H_2O + O_2$$

$$2Cu + O_2 \xrightarrow{加熱} 2CuO$$

②↑や↓で生成物の状態を書き加える。

　化学反応式で沈殿生成を強調する場合は「↓」，気体発生を強調する場合は「↑」を化学式の後につける。

例 $$Zn + 2HCl \longrightarrow ZnCl_2 + H_2\uparrow$$

$$Ca(OH)_2 + CO_2 \longrightarrow CaCO_3\downarrow + H_2O$$

③矢印を $\rightleftarrows$ にして生成物の一部がもとの物質に戻っている状態を示す。

例 $$CH_3COOH \rightleftarrows CH_3COO^- + H^+$$

> ⚠ **ここに注意**
> この場合酸化マンガン(Ⅳ) MnO_2 は触媒であるため，反応を速める働きをするが，実験の前後でそれ自身が変化することはない。

> ⚠ **ここに注意**
> 逆向きの反応が同時に起こるため，完全には反応が進行しない場合にのみ $\rightleftarrows$ を使う。

B 化学変化の量的関係

❶ 化学変化から物質の量の変化を調べる

❷ 化学変化の量的関係

①**化学反応式と粒子の数** 化学反応式の係数の比は，反応に
関与する各物質の粒子の数や物質量の比と等しい。

■ 重要法則

$$\text{化学反応式の係数の比} = \text{化学変化に関わる物質の} \begin{cases} \text{物質量の比} \\ \text{粒子の数の比} \\ \text{体積の比（気体のみ）} \end{cases}$$

②**化学反応式と気体の体積** 同温・同圧では，物質量が等し
い気体は同じ体積を占める。したがって，化学反応式の各
気体の係数の比は，各気体の体積の比と等しい。このこと
は，気体反応の法則が成り立つことを示している。

■ 重要法則

気体反応の法則

気体どうしの反応では，同温・同圧で，それら気体の体積に
は簡単な整数の比が成り立つ

③**化学反応式と質量** 「質量＝物質量×モル質量」の関係から，
物質量を質量に直すと，反応物の質量の和と生成物の質量
の和が等しいことがわかる。このことは，質量保存の法則
が成り立つことを示している。

■ 重要法則

質量保存の法則

化学反応の前後で，物質全体の質量の総和は一定

❸ 過不足のある化学変化の量的関係
化学変化における反応
物で，一方の物質が不足し，もう一方の物質が反応せずに残
る場合，不足するほうの物質（すべて反応する物質）の量から，
量的関係を考える。

例 化学反応式	$2Al$ +	Fe_2O_3	$\longrightarrow Al_2O_3$ +	$2Fe$
反応前の量〔mol〕	0.20	0.050	0	0
変化した量〔mol〕	−0.10	−0.050	+0.050	+0.10
反応後の量〔mol〕	0.10	0	0.050	0.10

⚠ここに注意

分子の数，物
質量，同温・
同圧における
気体の体積は
それぞれ物質
との比が反応
式の係数の比
に等しいが，
質量の比は係
数の比とは一
致しない。

👀もっと詳しく

表の例では，
Al がすべて
反応するには，
Fe_2O_3 があと
0.050 mol 必
要。

教科書の整理　第1章

教科書
p.126,127 参考 **化学の基礎法則と原子説・分子説**

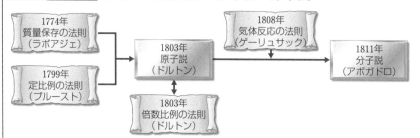

①**質量保存の法則**　1774年，ラボアジェ

「化学反応の前後で物質の質量の総和は変化しない」

②**定比例の法則**　1799年，プルースト

「化合物を構成する元素の質量の比は常に一定である」

③**原子説**　1803年，ドルトン

「物質はすべて原子から構成される」

・物質は固有の質量をもち，それ以上分割できない原子からなる。

・化合物は，2種類以上の原子が一定の割合で結合したものである。

・化学変化では，原子の組み合わせが変わるだけで，原子そのものが生成したり消滅したりすることはない。

④**倍数比例の法則**　1803年，ドルトン

「2種類の元素からなる複数の化合物について，一方の元素の一定質量と化合する他方の元素の質量は，簡単な整数比となる」

例　NO　$N:O=14\,g:16\,g$

　　NO_2　$N:O=14\,g:32\,g$

　　→窒素 N 14 g と化合する酸素 O の質量の比は，16 g：32 g＝1：2

⑤**気体反応の法則**　1808年，ゲーリュサック

「気体どうしの反応では，同温・同圧で，反応したり生成したりする気体の体積は，簡単な整数比になる」

⑥**分子説**　1811年，アボガドロ

「気体はいくつかの原子が結合した分子という粒子からなる」

「同温・同圧で同体積の気体は，気体の種類によらず，同数の分子を含む（アボガドロの法則）」

実験・探究のガイド

教科書
p.107 🧪 **実 験** 1. 気体の分子量測定 関連：教科書
p.100〜106

操作 の留意点

1．①④の操作では，ボンベを含めた全体の質量の増減を比べることで，メスシリンダーに集まった気体の質量を求める。

2．②③の操作は，窒素と気体Xが水に溶けないとき成立する。

結果考察 のガイド

結果と考察 $\boxed{1}$　窒素のモル質量を 28 g/mol（分子量 28）として，気体Xのモル質量（分子量）を計算せよ。

$\boxed{2}$　気体Xの主成分がブタン C_4H_{10} であれば，分子量は 58 のはずである。気体Xの分子量と比較せよ。

$\boxed{3}$　③において，メスシリンダーに集めた気体Xの体積が，②の窒素の体積と大きく異なってしまった場合，気体Xの分子量を求めるにはどのようにすればよいか。

$\boxed{1}$　メスシリンダーに集めた窒素，気体Xの質量はそれぞれ $w_1 - w_3$〔g〕，$w_2 - w_4$〔g〕である。この窒素の物質量は，

$$\frac{w_1 - w_3}{28} \text{〔mol〕}$$

よって，アボガドロの法則より，気体Xのモル質量は，

$$\frac{w_2 - w_4 \text{〔g〕}}{\dfrac{w_1 - w_3}{28} \text{〔mol〕}} = \frac{28(w_2 - w_4)}{w_1 - w_3} \text{〔g/mol〕}$$

$\boxed{2}$　主成分がブタンだとしても，実験の正確性やブタンが気体Xに占める割合によって，分子量は 58 から変動する。

$\boxed{3}$　$\boxed{1}$で計算して求めた窒素の物質量を②ではかった体積で割ると，メスシリンダー内の温度，圧力における体積当たりの物質量がわかる。そこから集めた気体Xの物質量を求めれば，$\boxed{1}$を参考に分子量も求められる。

教科書
p.118,119 🧪 **探 究** 4. 反応式の係数が表す量的関係 関連：教科書
p.114〜117

計画 の留意点

1．化学反応式の係数に着目すると，1 mol の炭酸カルシウム $CaCO_3$ から 1 mol

実験・探究のガイド 第１章

の二酸化炭素 CO_2 が発生することになる。したがって，反応する $CaCO_3$ と発生する CO_2 の物質量は等しくなるはずである。これを確認するため，実験で測定した $CaCO_3$ の質量と CO_2 の質量（反応前後の質量の差）をそれぞれの物質のモル質量で割って，物質量を求める。

結果 のガイド

1　（例）

炭酸カルシウムの質量　W_{CaCO_3}[g]	1.00	2.00	3.00	4.00
③の質量 W_1[g]	91.73	92.80	93.78	94.80
⑤の質量 W_2[g]	91.30	91.92	92.66	93.72

2　$CaCO_3$ のモル質量は，$40+12+16×3=100$ g/mol，CO_2 のモル質量は，$12+16×2=44$ g/mol なので，質量をモル質量で割って物質量を求め，表にまとめる。

炭酸カルシウムの質量　W_{CaCO_3}[g]	1.00	2.00	3.00	4.00
反応前の試薬と容器（塩酸とビーカー）の質量 W_1[g]	91.73	92.80	93.78	94.80
反応後の試薬と容器（塩酸とビーカー）の質量 W_2[g]	91.30	91.92	92.66	93.72
炭酸カルシウムの溶け残り（有か無）	無	無	有	有
二酸化炭素の質量 W_{CO_2}[g]（$= W_1$[g] $- W_2$[g]）	0.43	0.88	1.12	1.08
二酸化炭素の物質量 n_{CO_2} [mol]	0.0098	0.020	0.025	0.025
炭酸カルシウムの物質量 n_{CaCO_3} [mol]	0.010	0.020	0.030	0.040

3　今回の実験の場合，塩酸の中に含まれる塩化水素 HCl が完全に反応する点が存在するため，線の引き方としては，**イ**の二直線を用いてグラフをかく。

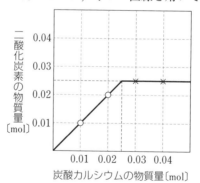

炭酸カルシウムの物質量[mol]

考察 のガイド

考察　反応する炭酸カルシウムと発生する二酸化炭素の物質量の比は，どのようになったか。化学反応式の係数の比と比較する。

　上のグラフ（の○のプロット）より，化学反応式の係数の比は，反応物と生成物の物質量の比を表すことが確認できたといえる。

また，ビーカー内の塩酸中の塩化水素のモル質量は，

$$2.00 \text{ mol/L} \times \frac{25.0}{1000} \text{ L} = 0.0500 \text{ mol}$$

であり，また，グラフの二直線の交点(炭酸カルシウムの物質量0.025 mol，二酸化炭素の物質量0.025 mol)が過不足なく反応した点なので，このことからも化学反応式の係数の比は，反応物と生成物の物質量の比を表すことが確認できる。

教科書 p.119　探究問題　4. 反応式の係数が表す量的関係

探究4 結果 のガイド②，③と 考察 のガイドを参照。

なお，グラフの×のプロットは，化学反応式の係数の比とは異なる量の反応物を用いて反応を行っており，多めに入れた反応物である炭酸カルシウムが未反応のまま残っているようすを表している。

教科書 p.123　実験　2. 化学変化の量的関係の検証
関連：教科書 p.120〜122

計画 の留意点

表を埋めると以下のようになる(係数の1も省略せず記入している)。

金属	化学反応式	必要な金属の量	
		物質量[mol]	質量[g]
Mg	(1)Mg + (2)HCl ⟶ (1)MgCl$_2$ + (1)H$_2$	0.0050	0.12
Zn	(1)Zn + (2)HCl ⟶ (1)ZnCl$_2$ + (1)H$_2$	0.0050	0.325
Al	(2)Al + (6)HCl ⟶ (2)AlCl$_3$ + (3)H$_2$	0.0033…	0.090

操作 の留意点

②の操作において，メスシリンダーに気泡が入っていないことを確認する。

結果と考察 のガイド

結果と考察　計画1.で見積もった水素の体積と操作⑤で読み取った水素の体積を比較し，誤差があればその原因について検討せよ。

誤差の主な原因として考えられるものとしては，金属の質量の計量ミス，二また試験管の口部分に隙間があった，水素捕集前のメスシリンダーに気泡が入ってしまっていた，塩酸の量が十分でなかったなどが考えられる。原因だと思われることがわかったら，その部分以外の条件を合わせて対照実験を行えば真偽が確かめられる。

問のガイド

教科書 p.100 問 1
自然界では，ホウ素原子 B は，相対質量 10 のものが 20 %，11 のものが 80 %存在している。このことからホウ素の原子量を小数第 1 位まで求めよ。

ポイント 同位体の相対質量の平均値が原子量。

解き方 相対質量の平均値 $= 10 \times \dfrac{20}{100} + 11 \times \dfrac{80}{100} = 10.8$

答 10.8

教科書 p.101 問 2
次の物質の分子量または式量を求めよ。
(1) 二酸化窒素 NO_2　　(2) エタン C_2H_6　　(3) 硫化物イオン S^{2-}
(4) 硝酸イオン NO_3^-　　(5) 硫酸 H_2SO_4　　(6) 水酸化鉄(II) $Fe(OH)_2$

ポイント (1)(2)(5)分子量は，分子の構成元素の原子量の総和
(3)(4)(6)式量はイオン式・組成式を構成する各元素の原子量の総和

解き方 (1) NO_2 の分子量 $=$（N の原子量）$\times 1 +$（O の原子量）$\times 2$
$= 14 \times 1 + 16 \times 2 = 46$
(2) C_2H_6 の分子量 $= 12 \times 2 + 1.0 \times 6 = 30$
(3) S^{2-} の式量 $=$（S の原子量）$\times 1 = 32 \times 1 = 32$
(4) NO_3^- の式量 $= 14 \times 1 + 16 \times 3 = 62$
(5) H_2SO_4 の分子量 $= 1.0 \times 2 + 32 \times 1 + 16 \times 4 = 98$
(6) $Fe(OH)_2$ の式量 $=$（Fe の原子量）$+ \{$（O の原子量）$+$（H の原子量）$\} \times 2$
$= 56 + (16 + 1.0) \times 2 = 90$

答 (1) 46　(2) 30　(3) 32　(4) 62　(5) 98　(6) 90

教科書 p.101 問 3
ある金属 M は酸化されると組成式が MO の物質となり，質量が 40 %増加する。M の原子量を求めよ。

ポイント 金属 M の原子量を x とおいて考える。

解き方
$$\frac{(\text{MO の原子量})}{(\text{M の原子量})}=\frac{140}{100}$$

$$\frac{x+16}{x}=1.4 \qquad \text{よって，} x=40$$

答 40

教科書 p.103

問 4

次の各問いに答えよ。アボガドロ定数を 6.0×10^{23}/mol とする。

(1) 水 H_2O 2.0 mol に含まれる水分子の数は何個か。

(2) 3.0×10^{24} 個のアンモニア分子 NH_3 の物質量は何 mol か。

(3) 硫酸 H_2SO_4 1.5 mol に含まれる酸素原子 O の物質量は何 mol か。

ポイント

$$\text{物質量〔mol〕}=\frac{\text{粒子の数}}{6.0\times10^{23}\text{/mol}}$$

解き方 (1) $2.0\,\text{mol}\times6.0\times10^{23}\text{/mol}=1.2\times10^{24}$（個）

(2) $\dfrac{3.0\times10^{24}}{6.0\times10^{23}\text{/mol}}=0.5\times10\,\text{mol}=5.0\,\text{mol}$

(3) 硫酸 H_2SO_4 1 分子に含まれる酸素原子は 4 つなので，

$$1.5\,\text{mol}\times4=6.0\,\text{mol}$$

答 (1) 1.2×10^{24} 個　　(2) **5.0 mol**　　(3) **6.0 mol**

教科書 p.104

類題 1

① 鉄 Fe 28 g の物質量は何 mol か。

② ダイヤモンド C 0.050 mol は何 g か。

③ 酸素分子 O_2 4.5×10^{23} 個の質量は何 g か。

④ 2.16 g の銀 Ag に含まれる銀原子の数は何個か。

⑤ 塩化カルシウム $CaCl_2$ 222 g 中の塩化物イオン Cl^- の物質量は何 mol か。

⑥ 水分子 H_2O 1 個の質量は何 g か。

ポイント

$$\text{物質量〔mol〕}=\frac{\text{質量〔g〕}}{\text{モル質量〔g/mol〕}}$$

解き方 ① 鉄 Fe のモル質量は 56 g/mol なので，Fe 28 g の物質量は，

$$\frac{28\,\text{g}}{56\,\text{g/mol}}=0.50\,\text{mol}$$

② ダイヤモンドの組成式は C である。炭素原子 C のモル質量は 12 g/mol なので，ダイヤモンド C 0.050mol の質量は，

$$12 \text{ g/mol} \times 0.050 \text{ mol} = 0.60 \text{ g}$$

③ アボガドロ定数を 6.0×10^{23}/mol とすると，酸素分子の物質量は，$\dfrac{4.5 \times 10^{23}}{6.0 \times 10^{23}}$ mol である。酸素分子 O_2 のモル質量は 32 g/mol なので，これらをかけ合わせればよい。以上の説明を式にすると，求める質量は，

$$\dfrac{4.5 \times 10^{23}}{6.0 \times 10^{23}} \text{ mol} \times 32 \text{ g/mol} = 24 \text{ g}$$

④ Ag 2.16 g の物質量を求め，それにアボガドロ定数(6.0×10^{23}/mol)をかければよい。銀のモル質量は 108 g/mol なので，

$$\dfrac{2.16 \text{ g}}{108 \text{ g/mol}} \times 6.0 \times 10^{23}/\text{mol} = 1.2 \times 10^{22} (\text{個})$$

⑤ 1 mol の $CaCl_2$ には $Cl(Cl^-)$ が 2 mol 含まれている。$CaCl_2$ のモル質量は 111 g/mol であるため，$CaCl_2$ の 222 g は 2.00 mol。よって，そこに含まれる $Cl(Cl^-)$ は 4.00 mol である。

⑥ 水分子 H_2O のモル質量は 18 g/mol である。これは水分子 6.0×10^{23} 個分の質量であるため，求める質量は，

$$\dfrac{18 \text{ g/mol}}{6.0 \times 10^{23}/\text{mol}} = 3.0 \times 10^{-23} \text{ g}$$

答 ① **0.50 mol** ② **0.60 g** ③ **24 g** ④ **1.2×10²² 個**
⑤ **4.00 mol** ⑥ **3.0×10⁻²³ g**

教科書
p.105

問 5 気体の体積は 0 ℃，1.013×10^5 Pa での値とし，次の各問いに答えよ。

(1) 16.8 L の酸素 O_2 の物質量は何 mol か。

(2) 窒素 N_2 0.25 mol の占める体積は何 L か。

(3) 二酸化炭素 CO_2 3.3 g の占める体積は何 L か。

(4) 11.2 L の水素 H_2 に含まれる水素分子は何個か。

ポイント 0 ℃，1.013×10^5 Pa で，気体 1 mol の体積は 22.4 L

解き方 (1) $\dfrac{16.8 \text{ L}}{22.4 \text{ L/mol}} = 0.750 \text{ mol}$

(2) $22.4 \text{ L/mol} \times 0.25 \text{ mol} = 5.6 \text{ L}$

(3) まず二酸化炭素 3.3 g が何 mol であるかを求める。

$$\dfrac{3.3 \text{ g}}{(12 + 16 \times 2) \text{ g/mol}} = 0.075 \text{ mol}$$

$$0.075 \text{ mol} \times 22.4 \text{ L/mol} = 1.68 \text{ L} \quad \text{よって，} 1.7 \text{ L}$$

(4) $\dfrac{11.2 \text{ L}}{22.4 \text{ L/mol}} = 0.500 \text{ mol}$

$6.0 \times 10^{23}/\text{mol} \times 0.500 \text{ mol} = 3.0 \times 10^{23}(\text{個})$

答 (1) **0.750 mol** (2) **5.6 L** (3) **1.7 L** (4) **3.0×10^{23} 個**

教科書 **p.106**
問 6

気体の体積は 0 ℃，1.013×10^5 Pa での値とし，次の各問いに答えよ。

(1) 気体の二酸化炭素 CO_2 の密度は何 g/L か。

(2) 密度が 0.76 g/L である気体のモル質量は何 g/mol か。

ポイント 気体の密度は 1 mol を基準にして考える。

解き方 (1) CO_2 の分子量は 44 $\dfrac{44 \text{ g/mol}}{22.4 \text{ L/mol}} = 1.96 \text{ g/L}$

(2) $0.76 \text{ g/L} \times 22.4 \text{ L/mol} = 17.0 \text{ g/mol}$

答 (1) **2.0 g/L** (2) **17 g/mol**

教科書 **p.108**
問

(1)～(3)は，指示にしたがって換算せよ。(4)は，例題を参考に各問いに答えよ。気体の体積は，すべて 0 ℃，1.013×10^5 Pa での値とする。

原子量 H：1.0，C：12，N：14，O：16，Na：23，Mg：24，S：32，Ca：40
アボガドロ定数 $N_A = 6.0 \times 10^{23}/\text{mol}$
気体のモル体積 22.4 L/mol（0 ℃，1.013×10^5 Pa）

(1) 次の①～④は物質量に，⑤～⑧は粒子の数に換算せよ。

① 炭素原子 C 1.2×10^{24} 個　② ナトリウムイオン Na^+ 2.7×10^{23} 個

③ 二酸化炭素分子 CO_2 9.0×10^{23} 個

④ 水分子 H_2O 6.0×10^{23} 個中の水素原子 H

⑤ アンモニア分子 NH_3 3.0 mol　⑥ 塩化物イオン Cl^- 0.10 mol

⑦ 銅原子 Cu 0.25 mol　⑧ メタン CH_4 0.50 mol 中の水素原子

解き方 ① $\dfrac{1.2 \times 10^{24}}{6.0 \times 10^{23}/\text{mol}} = 2.0 \text{ mol}$　② $\dfrac{2.7 \times 10^{23}}{6.0 \times 10^{23}/\text{mol}} = 0.45 \text{ mol}$

③ $\dfrac{9.0 \times 10^{23}}{6.0 \times 10^{23}/\text{mol}} = 1.5 \text{ mol}$　④ $\dfrac{6.0 \times 10^{23}}{6.0 \times 10^{23}/\text{mol}} \times 2 = 2.0 \text{ mol}$

⑤ $(6.0 \times 10^{23}/\text{mol}) \times 3.0 \text{ mol} = 1.8 \times 10^{24}(\text{個})$

⑥ $(6.0 \times 10^{23}/\text{mol}) \times 0.10 \text{ mol} = 6.0 \times 10^{22}(\text{個})$

⑦　$(6.0×10^{23}/\text{mol})×0.25\ \text{mol}=1.5×10^{23}$（個）

⑧　$(6.0×10^{23}/\text{mol})×0.50\ \text{mol}×4=1.2×10^{24}$（個）

答 ①　**2.0 mol**　　②　**0.45 mol**　　③　**1.5 mol**　　④　**2.0 mol**

　　⑤　**$1.8×10^{24}$（個）**　　⑥　**$6.0×10^{22}$（個）**　　⑦　**$1.5×10^{23}$（個）**

　　⑧　**$1.2×10^{24}$（個）**

教科書 p.108 問

(2)　次の①〜④は物質量に，⑤〜⑧は質量に換算せよ。

①　水 H_2O 7.2 g

②　マグネシウム Mg 4.8 g

③　カルシウムイオン Ca^{2+} 2.6 g

④　炭酸ナトリウム Na_2CO_3 5.3 g

⑤　硫化水素 H_2S 0.40 mol

⑥　プロパン C_3H_8 0.25 mol

⑦　水酸化ナトリウム NaOH 0.60 mol

⑧　硝酸イオン NO_3^- 0.50 mol

ポイント

$$物質量〔\text{mol}〕=\frac{質量〔\text{g}〕}{モル質量〔\text{g/mol}〕}$$

解き方

①　$\dfrac{7.2\ \text{g}}{18\ \text{g/mol}}=0.40\ \text{mol}$

②　$\dfrac{4.2\ \text{g}}{24\ \text{g/mol}}=0.20\ \text{mol}$

③　$\dfrac{2.6\ \text{g}}{40\ \text{g/mol}}=0.065\ \text{mol}$

④　$\dfrac{5.3\ \text{g}}{106\ \text{g/mol}}=0.050\ \text{mol}$

⑤　$0.40\ \text{mol}×34\ \text{g/mol}=13.6\ \text{g}$　有効数字が2桁なので 14 g

⑥　$0.25\ \text{mol}×44\ \text{g/mol}=11\ \text{g}$

⑦　$0.60\ \text{mol}×40\ \text{g/mol}=24\ \text{g}$

⑧　$0.50\ \text{mol}×62\ \text{g/mol}=31\ \text{g}$

答 ①　**0.40 mol**　　②　**0.20 mol**　　③　**0.065 mol**　　④　**0.050 mol**

　　⑤　**14 g**　　⑥　**11 g**　　⑦　**24 g**　　⑧　**31 g**

教科書 p.109 問

(3)　次の①〜④は物質量に，⑤〜⑧は体積に換算せよ。

①　ネオン Ne 56.0 L

②　酸素 O_2 3.36 L

③　窒素 N_2 44.8 L

④　塩素 Cl_2 11.2 L

⑤　塩化水素 HCl 3.00 mol

⑥　酸素 O_2 0.750 mol

⑦　アンモニア NH_3 0.400 mol

⑧　ヘリウム He 1.50 mol

ポイント

0 ℃，$1.013×10^5$ Pa で，気体 1 mol の体積は 22.4 L/mol

解き方

①　$\dfrac{56.0\ \text{L}}{22.4\ \text{L/mol}}=2.50\ \text{mol}$

②　$\dfrac{3.36\ \text{L}}{22.4\ \text{L/mol}}=0.150\ \text{mol}$

③　$\dfrac{44.8\,\text{L}}{22.4\,\text{L/mol}}=2.00\,\text{mol}$　　④　$\dfrac{11.2\,\text{L}}{22.4\,\text{L/mol}}=0.500\,\text{mol}$

⑤　$22.4\,\text{L/mol}\times3.00\,\text{mol}=67.2\,\text{L}$　⑥　$22.4\,\text{L/mol}\times0.750\,\text{mol}=16.8\,\text{L}$

⑦　$22.4\,\text{L/mol}\times0.400\,\text{mol}=8.96\,\text{L}$　⑧　$22.4\,\text{L/mol}\times1.50\,\text{mol}=33.6\,\text{L}$

答 ①　**2.50 mol**　　②　**0.150 mol**　　③　**2.00 mol**　　④　**0.500 mol**

⑤　**67.2 L**　　⑥　**16.8 L**　　⑦　**8.96 L**　　⑧　**33.6 L**

教科書 **p.109** 問

(4)　次の各問いに答えよ。

①　酸素 O_2 48 g 中にある酸素分子は何個か。

②　エタン C_2H_6 66 g 中にあるエタン分子は何個か。

③　塩化水素 HCl 1.12 L 中に含まれる塩化水素分子は何個か。

④　アルゴン Ar 28 L 中に含まれるアルゴン分子は何個か。

⑤　水分子 H_2O 1.2×10^{24} 個の質量は何 g か。

⑥　炭素原子 C 3.6×10^{24} 個の質量は何 g か。

⑦　メタン CH_4 11.2 L の質量は何 g か。

⑧　酸素 O_2 56 L の質量は何 g か。

⑨　アンモニア分子 NH_3 1.5×10^{23} 個の体積は何 L か。

⑩　水素分子 H_2 3.6×10^{23} 個の体積は何 L か。

⑪　ドライアイス CO_2 5.5 g がすべて昇華して気体になると，体積は何 L になるか。

⑫　窒素 N_2 56 g の体積は何 L か。

ポイント　問(1)～(3)のどの操作を組み合わせるか考える。

解き方 ①　$6.0\times10^{23}/\text{mol}\times\dfrac{48\,\text{g}}{32\,\text{g/mol}}=9.0\times10^{23}\,(\text{個})$

②　$6.0\times10^{23}/\text{mol}\times\dfrac{66\,\text{g}}{30\,\text{g/mol}}\fallingdotseq1.3\times10^{24}\,(\text{個})$

③　$6.0\times10^{23}/\text{mol}\times\dfrac{1.12\,\text{L}}{22.4\,\text{L/mol}}=3.0\times10^{22}\,(\text{個})$

④　$6.0\times10^{23}/\text{mol}\times\dfrac{28\,\text{L}}{22.4\,\text{L/mol}}=7.5\times10^{23}\,(\text{個})$

⑤　$18\,\text{g/mol}\times\dfrac{1.2\times10^{24}}{6.0\times10^{23}/\text{mol}}=36\,\text{g}$

⑥　$12\,\text{g/mol}\times\dfrac{3.6\times10^{24}}{6.0\times10^{23}/\text{mol}}=72\,\text{g}$

⑦　$16 \text{ g/mol} \times \dfrac{11.2 \text{ L}}{22.4 \text{ L/mol}} = 8.0 \text{ g}$　　⑧　$32 \text{ g/mol} \times \dfrac{56 \text{ L}}{22.4 \text{ L/mol}} = 80 \text{ g}$

⑨　$22.4 \text{ L/mol} \times \dfrac{1.5 \times 10^{23}}{6.0 \times 10^{23}/\text{mol}} = 5.6 \text{ L}$

⑩　$22.4 \text{ L/mol} \times \dfrac{3.6 \times 10^{23}}{6.0 \times 10^{23}/\text{mol}} \fallingdotseq 13 \text{ L}$

⑪　$22.4 \text{ L/mol} \times \dfrac{5.5 \text{ g}}{44 \text{ g/mol}} = 2.8 \text{ L}$　　⑫　$22.4 \text{ L/mol} \times \dfrac{56 \text{ g}}{28 \text{ g/mol}} \fallingdotseq 45 \text{ L}$

答 ①　**9.0×10^{23} 個**　　②　**1.3×10^{24} 個**　　③　**3.0×10^{22} 個**

④　**7.5×10^{23} 個**　　⑤　**36 g**　　⑥　**72 g**　　⑦　**8.0 g**　　⑧　**80 g**

⑨　**5.6 L**　　⑩　**13 L**　　⑪　**2.8 L**　　⑫　**45 L**

教科書 p.110
問 7

水 100 g に塩化ナトリウム 25 g を溶かした水溶液の質量パーセント濃度は何%か。

ポイント

$$\text{質量パーセント濃度(\%)} = \dfrac{\text{溶質の質量〔g〕}}{\text{溶液の質量〔g〕}} \times 100$$

解き方　$\dfrac{25 \text{ g}}{100 \text{ g} + 25 \text{ g}} \times 100 = 20$

答 20 %

教科書 p.110
問 8

(1)　水溶液 2.0 L 中に水酸化ナトリウム NaOH が 24 g 含まれるとき，この水溶液のモル濃度は何 mol/L か。

(2)　0.10 mol/L 水酸化ナトリウム水溶液 200 mL 中に含まれる水酸化ナトリウムの物質量は何 mol か。

ポイント　**モル濃度は，溶質の物質量を溶液の体積で割って求める。**

解き方　(1)　水酸化ナトリウムのモル質量は，23+16+1.0=40 より 40 g/mol。

よって，$\dfrac{\dfrac{24 \text{ g}}{40 \text{ g/mol}}}{2.0 \text{ L}} = 0.30 \text{ mol/L}$

(2)　$0.10 \text{ mol/L} \times 0.200 \text{ L} = 0.020 \text{ mol}$

答 (1)　**0.30 mol/L**　　(2)　**0.020 mol**

教科書 p.111 類題 2

① 市販の濃アンモニア NH_3 水の質量パーセント濃度は 28 %，密度は 0.90 g/mL である。この水溶液のモル濃度は何 mol/L か。

② 密度 1.1 g/mL の 6.0 mol/L 塩酸（塩化水素 HCl の水溶液）の質量パーセント濃度は何%か。

ポイント 与えられた水溶液 1 L に溶質が何 mol 含まれるかを考える。

解き方 ① この水溶液 1 L の質量は密度 0.90 g/mL より 900 g。よって，そこに含まれるアンモニア NH_3 の質量を求め，それを NH_3 のモル質量 17 g/mol で割れば，物質量が求められる。

$$\frac{900\text{ g}\times\dfrac{28}{100}}{17\text{ g/mol}}=14.8\cdots\text{ mol}\qquad \text{よって，モル濃度は 15 mol/L}$$

② 塩化水素 HCl のモル質量は 36.5 g/mol である。この水溶液 1 L，すなわち 1000 mL の質量は，

$$1.1\text{ g/mL}\times1000\text{ mL}=1100\text{ g}\qquad\text{よって求める質量パーセント濃度は，}$$

$$\frac{36.5\text{ g/mol}\times6.0\text{ mol}}{1100\text{ g}}\times100=19.9\cdots\qquad\text{すなわち，20%}$$

答 ①　**15 mol/L**　　②　**20%**

教科書 p.112 問

塩化ナトリウム 10.0 g を 20 ℃の水に溶かすとき，必要な水の最小量は 26.5 g である。20 ℃の水 100 g に溶ける $NaCl$ の質量と $NaCl$ 飽和水溶液の質量パーセント濃度を求めよ。

ポイント 塩化ナトリウム 10.0 g を 20℃の水 26.5 g に溶かすと，塩化ナトリウムの飽和水溶液ができる。

解き方 問題文の前半から，20 ℃の水における塩化ナトリウムの溶解度を x〔g〕とすると，$10.0:26.5=x:100$，よって，$x=37.73\cdots$ g。また，$NaCl$ の飽和水溶液の質量パーセント濃度は，$\dfrac{10.0\text{ g}}{10.0\text{ g}+26.5\text{ g}}\times100=27.39\cdots$〔%〕となる。

答 質量：**37.7 g**，質量パーセント濃度：**27.4 %**

問のガイド 第１章

教科書 p.113
類題 a

硝酸カリウム KNO_3 は，水 100 g に 50 ℃で 86 g，20 ℃で 32 g 溶ける。50 ℃の飽和水溶液の質量パーセント濃度は何％か。また，50 ℃の飽和水溶液 100 g を 20 ℃に冷却すると，析出する硝酸カリウムは何 g か。

ポイント 水溶液全体の質量を意識する。

解き方 硝酸カリウム KNO_3 の 50 ℃における溶解度は 86 g なので，その飽和水溶液の質量パーセント濃度は，$\dfrac{86\ g}{100\ g+86\ g}=0.462\cdots(\%)$ 有効数字は 2 桁なので 46％である。また，この飽和水溶液 186 g を 20 ℃に冷却すると，20 ℃での溶解度は 32 g より，86 g－32 g＝54 g の結晶が析出。よって，飽和水溶液 100 g における結晶の析出量を $x[g]$ とすると，

186：54＝100：x が成り立つので，$\dfrac{54\ g}{186\ g}=\dfrac{x[g]}{100\ g}$　　　よって，$x≒29$ g

答 質量パーセント濃度：46％　　　析出量：29 g

教科書 p.113
類題 b

60 ℃の硫酸銅(Ⅱ) $CuSO_4$ 飽和水溶液 140 g を 20 ℃まで冷却すると，析出する硫酸銅(Ⅱ)五水和物 $CuSO_4 \cdot 5H_2O$ は何 g か。教科書 p.112 図 a から溶解度を読み取って求めよ。

ポイント 析出する硫酸銅(Ⅱ)無水和物の質量を求め，硫酸銅(Ⅱ)五水和物の質量に換算する。

解き方 図 a の溶解度曲線より，硫酸銅(Ⅱ)無水和物 $CuSO_4$ の溶解度は 60 ℃において 40 g，20 ℃において 20 g なので，60 ℃の飽和水溶液 140 g に含まれる $CuSO_4$ は 40 g，20 ℃の飽和水溶液 120 g に含まれる $CuSO_4$ は 20 g。

ここで，ある温度の飽和水溶液において，溶質の質量と溶媒の質量の比は一定であるため，20 ℃の飽和水溶液 120 g と，60 ℃の飽和水溶液 140 g を 20 ℃まで冷却し，析出した結晶を取り除いた後の飽和水溶液を比較することで，求める値が調べられる。

20 ℃で析出する $CuSO_4 \cdot 5H_2O$ の質量を x [g] とすると，そこに含まれる $CuSO_4$ の質量は，$CuSO_4$ のモル質量は 160 g/mol，H_2O のモル質量は 18 g/mol，より $\left(x \times \dfrac{160}{250}\right)$ g。よって，20 ℃の飽和水溶液について次

の等式が成り立つ。　　$\dfrac{20\ \text{g}}{120\ \text{g}}=\dfrac{40\ \text{g}-x\times\dfrac{160}{250}\ \text{g}}{140\ \text{g}-x〔\text{g}〕}$　　よって，$x≒35\ \text{g}$

答 35 g

教科書 p.115　類題 3

① 次の化学反応式にそれぞれ係数をつけて，反応式を完成させよ。
(1) $Mg + O_2 \longrightarrow MgO$ 　(2) $KI + Cl_2 \longrightarrow KCl + I_2$
(3) $H_2S + SO_2 \longrightarrow H_2O + S$ 　(4) $C_2H_2 + O_2 \longrightarrow CO_2 + H_2O$

ポイント **両辺の各原子の数が等しくなるようにする。**

解き方 (1) 酸素原子の数を合わせるため，MgO の係数を 2 にする。
$$Mg + O_2 \longrightarrow 2MgO$$
すると，マグネシウムの数が両辺で合わなくなるので，Mg の係数を 2 にすればよい。
$$2Mg + O_2 \longrightarrow 2MgO$$
(2) 塩素原子の数を合わせるために KCl の係数を 2 にする。
$$KI + Cl_2 \longrightarrow 2KCl + I_2$$
すると，カリウムの数が両辺で合わなくなるので，KI の係数を 2 にすればよい。結果，ヨウ素原子の個数も左右等しくなる。
$$2KI + Cl_2 \longrightarrow 2KCl + I_2$$
(3) 酸素原子の数を合わせるため，H₂O の係数を 2 にする。
$$H_2S + SO_2 \longrightarrow 2H_2O + S$$
次に，水素原子の数を合わせるため，H₂S の係数を 2 にする。
$$2H_2S + SO_2 \longrightarrow 2H_2O + S$$
最後に硫黄原子の数を合わせるため，S の係数を 3 にする。
$$2H_2S + SO_2 \longrightarrow 2H_2O + 3S$$
(4) 炭素原子の個数を合わせるため，CO₂ の係数を 2 とする。
$$C_2H_2 + O_2 \longrightarrow 2CO_2 + H_2O$$
次に，酸素原子の個数を合わせるため，O₂ の係数を $\dfrac{5}{2}$ にする。
$$C_2H_2 + \dfrac{5}{2}O_2 \longrightarrow 2CO_2 + H_2O$$
係数を整数にするため，全体を 2 倍する。
$$2C_2H_2 + 5O_2 \longrightarrow 4CO_2 + 2H_2O$$

問のガイド　第1章

答(1)　$2Mg + O_2 \longrightarrow 2MgO$　　　(2)　$2KI + Cl_2 \longrightarrow 2KCl + I_2$

(3)　$2H_2S + SO_2 \longrightarrow 2H_2O + 3S$

(4)　$2C_2H_2 + 5O_2 \longrightarrow 4CO_2 + 2H_2O$

教科書 **p.115**　**類題 3**

②　次の化学変化をそれぞれ化学反応式で表せ。

(1)　マグネシウム Mg に塩酸 HCl を加えると，水素 H_2 と塩化マグネシウム $MgCl_2$ が生じる。

(2)　メタノール CH_3OH が燃焼すると，二酸化炭素 CO_2 と水 H_2O が生じる。

ポイント　左辺に反応物，右辺に生成物を置いてから係数を考える。

解き方(1)　係数は入れずに，左辺に反応物である Mg と HCl，右辺に生成物である H_2 と $MgCl_2$ を書き，両辺を $\longrightarrow$ で結ぶ。

$\qquad Mg + HCl \longrightarrow H_2 + MgCl_2$

ここから係数を考えていく。HCl の係数を 2 にして，

$\qquad Mg + 2HCl \longrightarrow H_2 + MgCl_2$

(2)　燃焼とは，酸素 O_2 との反応なので，

$\qquad CH_3OH + O_2 \longrightarrow CO_2 + H_2O$

水素原子の数を合わせて，

$\qquad CH_3OH + O_2 \longrightarrow CO_2 + 2H_2O$

酸素原子の係数を合わせるため，O_2 の係数を $\dfrac{3}{2}$ にする。

$\qquad CH_3OH + \dfrac{3}{2}O_2 \longrightarrow CO_2 + 2H_2O$

係数を整数にするため全体を 2 倍して，

$\qquad 2CH_3OH + 3O_2 \longrightarrow 2CO_2 + 4H_2O$

答(1)　$Mg + 2HCl \longrightarrow H_2 + MgCl_2$

(2)　$2CH_3OH + 3O_2 \longrightarrow 2CO_2 + 4H_2O$

教科書 **p.115**　**問**

次に示す銅と希硝酸の化学反応式に係数をつけて完成させよ。

$Cu + HNO_3 \longrightarrow Cu(NO_3)_2 + H_2O + NO$

ポイント　未定係数法を利用する。

解き方　各物質の係数を a, b, c, d, e とすると，次のように表せる。

$$a\mathrm{Cu} + b\mathrm{HNO_3} \longrightarrow c\mathrm{Cu(NO_3)_2} + d\mathrm{H_2O} + e\mathrm{NO} \quad \cdots ①$$

各元素について，両辺の原子の数は等しくなるので，

Cu について，$a = c$　　$\cdots②$　　　H について，$b = 2d$　$\cdots③$

N について，$b = 2c + e$　$\cdots④$　　　O について，$3b = 6c + d + e$　$\cdots⑤$

$b \sim d$ が，それぞれ a の何倍になるかを計算する。

②より，$c = a$　　これを④に代入して，$b = 2a + e$　$\cdots⑥$

同じく⑤に代入して，$3b = 6a + d + e$　　　　　　　　　$\cdots⑦$

③を⑥に代入して，$2d = 2a + e$　　　　　　　　　　　　$\cdots⑧$

③を⑦に代入して，$3 \times 2d = 6a + d + e$　より，$5d = 6a + e$　$\cdots⑨$

⑨から⑧を辺々引いて，$3d = 4a$　よって，$d = \dfrac{4}{3}a$　　　$\cdots⑩$

⑩を③に代入して，$b = 2 \times \dfrac{4}{3}a$　よって，$b = \dfrac{8}{3}a$

⑩を⑧に代入して，$2 \times \dfrac{4}{3}a = 2a + e$　よって，$e = \dfrac{2}{3}a$

以上より，$a : b : c : d : e = 1 : \dfrac{8}{3} : 1 : \dfrac{4}{3} : \dfrac{2}{3} = 3 : 8 : 3 : 4 : 2$

つまり，化学反応式は，$3\mathrm{Cu} + 8\mathrm{HNO_3}$

$$\longrightarrow 3\mathrm{Cu(NO_3)_2} + 4\mathrm{H_2O} + 2\mathrm{NO}$$

答 $3\mathrm{Cu} + 8\mathrm{HNO_3} \longrightarrow 3\mathrm{Cu(NO_3)_2} + 4\mathrm{H_2O} + 2\mathrm{NO}$

教科書 p.116

類題 4

① 硫酸銅(Ⅱ)$\mathrm{CuSO_4}$ 水溶液にアルミニウム Al を浸すと起こる化学変化は，$\mathrm{Al} + \mathrm{Cu^{2+}} \longrightarrow \mathrm{Al^{3+}} + \mathrm{Cu}$ となる。このイオン反応式に，係数をつけて完成させよ。

ポイント　**両辺の各元素の原子の数や両辺の電荷の総和が等しくなるように係数をつける。**

解き方　アルミニウム Al が放出する電子と銅 Cu が受け取る電子の数が等しくなるよう係数を考えると，$2\mathrm{Al} + 3\mathrm{Cu^{2+}} \longrightarrow 2\mathrm{Al^{3+}} + 3\mathrm{Cu}$

このとき 6 個の電子が授受されている。

答 $2\mathrm{Al} + 3\mathrm{Cu^{2+}} \longrightarrow 2\mathrm{Al^{3+}} + 3\mathrm{Cu}$

教科書 **p.116** 類題 **4**

② 塩化カルシウム $CaCl_2$ 水溶液に炭酸ナトリウム Na_2CO_3 水溶液を加えると，炭酸カルシウム $CaCO_3$ が沈殿する。この化学変化を，化学反応式とイオン反応式の両方で表せ。

ポイント イオン反応式では，反応に関係するイオンだけを抜き出す。

解き方 まず化学反応式から考える。反応物，生成物を左右に書く。塩素，ナトリウムの個数を左辺に合わせて，

$$CaCl_2 + Na_2CO_3 \longrightarrow CaCO_3 + 2NaCl$$

$CaCO_3$ の生成に関係するイオンは Ca^{2+}，CO_3^{2-} であり，Na^+，Cl^- は関係しない。よって，$Ca^{2+} + CO_3^{2-} \longrightarrow CaCO_3$

答 化学反応式：$CaCl_2 + Na_2CO_3 \longrightarrow CaCO_3 + 2NaCl$

イオン反応式：$Ca^{2+} + CO_3^{2-} \longrightarrow CaCO_3$

教科書 **p.122** 類題 **5**

① カセットコンロ用の燃料であるブタン C_4H_{10} を完全燃焼させると，0℃，1.013×10^5 Pa で 7.28 L の酸素 O_2 が消費された。燃焼したブタンの質量は何 g か。また，このとき二酸化炭素 CO_2 は，何 L 発生したか。

ポイント 物質量に変換して考える。

解き方 ブタン C_4H_{10} の燃焼の化学反応式は，

$$2C_4H_{10} + 13O_2 \longrightarrow 8CO_2 + 10H_2O$$

消費された酸素の物質量は，$\dfrac{7.28\,L}{22.4\,L/mol} = 0.325\,mol$

反応式の係数比より，燃焼したブタンの質量を x〔g〕とすると，

$$13 \times \frac{x}{58\,g/mol} = 2 \times 0.325\,mol \qquad よって，x = 2.9\,g$$

反応式の係数の比より，発生した二酸化炭素の体積を y〔L〕とすると，

$$13 \times \frac{y}{22.4\,L/mol} = 8 \times 0.325\,mol \qquad よって，y = 4.48\,L$$

答 ブタンの質量：2.9 g　　二酸化炭素の体積：4.48 L

教科書 **p.122** 類題 **5**

② ベーキングパウダーの主成分である重曹(炭酸水素ナトリウム)$NaHCO_3$ を加熱すると，炭酸ナトリウム Na_2CO_3 と水 H_2O と二酸化炭素 CO_2 に分

解する。炭酸水素ナトリウム 42 g を熱分解すると，二酸化炭素は，0 ℃，1.013×10⁵ Pa で何 L 発生するか。また，炭酸水素ナトリウムを熱分解して炭酸ナトリウムを 53 g つくるとき，必要な炭酸水素ナトリウムは何 g か。

ポイント　**物質量を中心に考える。**

解き方　炭酸水素ナトリウムを加熱したときの反応式は，

$$2NaHCO_3 \longrightarrow Na_2CO_3 + H_2O + CO_2$$

炭酸水素ナトリウム $NaHCO_3$ のモル質量 84 g/mol より，炭酸水素ナトリウム 42 g の物質量は，$\dfrac{42\ g}{84\ g/mol} = 0.50\ mol$

反応に関与する物質量の比は，化学反応式の係数比と一致する。

よって，発生する二酸化炭素は，$0.50\ mol \times \dfrac{1}{2} = 0.25\ mol$

発生した二酸化炭素の体積は標準状態で，

$$22.4 L/mol \times 0.25\ mol = 5.6\ L$$

また，炭酸ナトリウム Na_2CO_3 のモル質量 106 g/mol，53 g の炭酸ナトリウムの物質量は 0.50 mol。よって，必要な炭酸水素ナトリウムの物質量は 0.50 mol の 2 倍，すなわち 1.0 mol であり，その質量は 84 g。

答 二酸化炭素の体積：**5.6 L**　　炭酸水素ナトリウムの質量：**84 g**

教科書 p.125
類題 6

① 0 ℃，1.013×10⁵ Pa で酸素 O_2 4.2 L と水素 H_2 5.6 L の混合気体に点火すると，一方の気体の一部が未反応のまま残り，水 H_2O が生じた。反応後の気体の体積は何 L か。また，生じた水は何 g か。

ポイント　**反応式の係数比と同温・同圧下における気体の体積比は一致する。**

解き方　$O_2 + 2H_2 \longrightarrow 2H_2O$　　よって，酸素 O_2 4.2 L と過不足なく反応するには，H_2 は 4.2×2=8.4 L 必要。ゆえに，与えられた状況では，O_2 が未反応のまま残る。水素 5.6 L は酸素 2.8 L と反応するので，残る気体（酸素）の体積は，4.2 L−2.8 L=1.4 L より，1.4 L である。

また，係数の比より，生じる水の物質量は反応する水素 H_2 の物質量と同じなので，$\dfrac{5.6\ L}{22.4\ L/mol} = 0.25\ mol$。水 H_2O のモル質量 18 g/mol より，

求める質量は，$18\,\text{g/mol} \times 0.25\,\text{mol} = 4.5\,\text{g}$

答 気体の体積：**1.4 L** 　生じた水の質量：**4.5 g**

_{教科書} **p.125**
類題 6

② 大理石(主成分は炭酸カルシウム $CaCO_3$)11 g に 2.0 mol/L 塩酸を少しず
つ加えていくと，気体が発生しなくなるまでに 100 mL を要した。塩酸は，
大理石中の炭酸カルシウムのみと反応するものとする。

(1) このとき起こった化学変化を化学反応式で示せ。

(2) 発生した気体の体積は，$0\,℃$，$1.013 \times 10^5\,\text{Pa}$ で何 L か。

(3) この大理石中の炭酸カルシウムの純度(質量百分率)は何％か。

ポイント 　化学反応式の係数比に着目する。

解き方 (1) $CaCO_3$ に塩酸(塩化水素 HCl)を加えると，塩化カルシウム $CaCl_2$，
二酸化炭素 CO_2，水 H_2O が生じる。

$$CaCO_3 + HCl \longrightarrow CaCl_2 + CO_2 + H_2O$$

両辺の水素 H，塩素 Cl の数を合わせるため，HCl の係数を 2 にして，

$$CaCO_3 + 2HCl \longrightarrow CaCl_2 + CO_2 + H_2O$$

(2) 生成物の中で気体は CO_2 のみ。化学反応式の係数比より，発生する

CO_2 の物質量は反応する HCl の物質量の $\dfrac{1}{2}$ なので，

$$2.0\,\text{mol/L} \times \frac{100}{1000}\,\text{L} \times \frac{1}{2} = 0.10\,\text{mol}$$

標準状態における 0.10 mol の気体の体積は，

$$22.4\,\text{L/mol} \times 0.10\,\text{mol} = 2.24\,\text{L}$$

有効数字 2 桁なので，2.2 L。

(3) 化学反応式の係数比より，反応した炭酸カルシウム $CaCO_3$ の物質量
は，発生した CO_2 の物質量と等しいため 0.10 mol。$CaCO_3$ のモル質量
100 g/mol より，炭酸カルシウム 0.10 mol の質量は，

$$0.10\,\text{mol} \times 100\,\text{g/mol} = 10\,\text{g}$$

よって，10 g の炭酸カルシウムが含まれる大理石 11 g の純度は，

$$\frac{10\,\text{g}}{11\,\text{g}} \times 100 = 90.9\cdots \fallingdotseq = 91(\%)$$

答 (1) $CaCO_3 + 2HCl \longrightarrow CaCl_2 + CO_2 + H_2O$

(2) **2.2 L** 　(3) **91％**

章末問題のガイド

教科書 **p.129**

❶ 相対質量・原子量・物質量
関連：教科書 **p.98〜101**

金属元素 M（仮の元素記号）の酸化物 M_2O_3 における質量比が M：O＝9：8 のとき，M の原子量を求めよ。

ポイント 求める M の原子量を文字でおいて考える。

解き方 M の原子量を x とおく。酸素 O の原子量は 16 なので，酸化物 M_2O_3 における質量比が M：O＝9：8 より，

$$2x : 3 \times 16 = 9 : 8 \quad\quad よって，x = 27$$

答 27

❷ 物質の量の換算
関連：教科書 **p.102〜109**

次の(ア)〜(オ)のうち，水素原子が最も多く含まれているものを選び，記号で答えよ。

(ア)　3.0×10^{23} 個の水分子 H_2O
(イ)　3.36 L のエタン C_2H_6
(ウ)　0.50 mol のアンモニア NH_3
(エ)　20 g の水酸化ナトリウム NaOH
(オ)　1.0 mol の塩化水素 HCl

ポイント 水素原子の数＝分子の数（物質量）×分子中の水素原子の数

解き方 (ア)　水分子 1 個中の水素原子の数は 2 個なので，含まれる原子の個数は，

$$3.0 \times 10^{23} \times 2 = 6.0 \times 10^{23}（個）\quad よって，およそ 1 mol$$

(イ)　$\dfrac{3.36 \text{ L}}{22.4 \text{ L/mol}} = 0.15 \text{ mol}$ より，求める水素原子の物質量は，

$$0.15 \text{ mol} \times 6 = 0.90 \text{ mol}$$

(ウ)　$0.50 \text{ mol} \times 3 = 1.50 \text{ mol}$

(エ)　水酸化ナトリウムの式量 40 より，20 g 中に含まれる水酸化ナトリウムは 0.50 mol。よって求める水素原子の物質量は，

$$0.50 \text{ mol} \times 1 = 0.50 \text{ mol}$$

(オ)　$1.0 \text{ mol} \times 1 = 1.0 \text{ mol}$

以上より，水素原子が最も多く含まれているのは(ウ)である。

答 (ウ)

❸ 混合気体のモル質量

関連:教科書 **p.105, 106**

窒素 N_2 とヘリウム He を混合し，モル質量が 10 g/mol となる混合気体をつくりたい。体積の比でヘリウムを何%にすればよいか。　　　　原子量 He＝4.0

ポイント 混合気体のモル質量＝構成気体のモル質量の和

解き方 窒素 N_2 のモル質量は 28 g/mol である。体積比でヘリウムが x%を占めるとすると，ポイントより，以下の関係式が成り立つ。

$$28\text{ g/mol}\times\frac{100-x}{100}+4.0\text{ g/mol}\times\frac{x}{100}=10\text{ g/mol}\qquad\text{よって，}x=75$$

答 75%

❹ 必要な反応物の量

関連:教科書 **p.114～123**

質量の比で炭酸カルシウム $CaCO_3$ を 70 % 含む大理石を用いて，112 mL の二酸化炭素 CO_2 を発生させたい。必要な大理石の質量を求めよ。

ポイント 必要な炭酸カルシウムの物質量から求めていく。

解き方 炭酸カルシウム $CaCO_3$ の式量 100 より，モル質量は 100 g/mol。炭酸カルシウムを加熱すると，$CaCO_3 \longrightarrow CaO+CO_2$

よって，$CaCO_3$ 1 mol から発生する二酸化炭素は 1 mol である。

$$\frac{0.112\text{ L}}{22.4\text{ L/mol}}=5.00\times10^{-3}\text{ mol}\qquad\text{より，反応に必要な }CaCO_3\text{ の物質}$$

量は 5.0×10^{-3} mol で，その質量は，$100\text{ g/mol}\times5.00\times10^{-3}\text{ mol}=0.500\text{ g}$

よって，必要な大理石の質量を x〔g〕とおくと，

　　$x:0.50=100:70$　　$x=0.714\cdots\text{g}$

答 0.71 g

❺ 混合物の反応

関連:教科書 **p.114～123**

0 ℃，1.013×10^5 Pa で 15 mL を占めるメタン CH_4 とエチレン C_2H_4 の混合気体を完全燃焼させると，20 mL の二酸化炭素 CO_2 が得られた。もとの混合気体中のメタンとエチレンの物質量の比を求めよ。

ポイント 気体の体積比と物質量の比が一致することを利用し，比で計算する。

章末問題のガイド　第1章

解き方　メタン CH_4 とエチレン C_2H_4 の燃焼の反応式はそれぞれ，

$$CH_4+2O_2 \longrightarrow CO_2+2H_2O, \quad C_2H_4+3O_2 \longrightarrow 2CO_2+2H_2O$$

もとの気体の中のメタン，エチレンの物質量をそれぞれ x〔mol〕，y〔mol〕とすると，混合気体を完全燃焼させたときに発生する二酸化炭素 CO_2 の物質量は $(x+2y)$〔mol〕と表せる。混合気体の体積と発生した二酸化炭素の体積の比が $15:20=3:4$ なので，以下の比が成り立つ。

$$(x+y):(x+2y)=3:4 \quad よって，\ x:y=2:1$$

答　$2:1$

---

❻ 気体反応の量的関係　　　　　関連：教科書 p.114~125

酸素 O_2 に紫外線を照射するとオゾン O_3 が生成する。200 mL の酸素に紫外線を照射したのちに，反応前と同じ圧力，温度で気体の体積を測定すると，体積が 180 mL となっていた。反応後の混合気体中に含まれるオゾンの体積は全体の何 %か。

ポイント　同温・同圧下で一定の体積の気体に含まれる物質量は変わらない。

解き方　反応前後で統一された圧力，温度における気体1Lに含まれる酸素分子 O_2 物質量を x〔mol〕とおく。

反応前の酸素 200 mL には $0.200x$〔mol〕の酸素分子 O_2 が含まれる。すなわち，含まれる酸素原子は $0.400x$〔mol〕である。

紫外線照射後生成したオゾン O_3 の物質量を y〔mol〕とすると，これに含まれる酸素原子は $3y$〔mol〕である。

したがって，紫外線照射後に残った未反応の酸素分子を構成する酸素原子は $(0.400x-3y)$ mol である。よって，

$$\frac{1}{2}(0.400x-3y)+y=0.180x \quad よって，\ \frac{y}{x}=\frac{1}{25}=0.040$$

したがって，反応前と同温・同圧下で，y〔mol〕の気体は 40 mL。よって反応後の混合気体に含まれるオゾンの体積の全体に対する割合は，

$$\frac{40}{180}\times100=22.2\cdots(\%)$$

答　22%

❼ 気体の質量と体積の関係　　　　関連：教科書 p.98〜109

次の分子式で表される各気体を同じ質量取ったとき，常温・常圧で体積が最小になるものはどれか。また，その理由を 40 字程度で答えよ。

(1)　H_2　　　(2)　CO_2　　　(3)　H_2S　　　(4)　NH_3　　　(5)　Cl_2

ポイント　アボガドロの法則より，同温・同圧で同体積の気体の分子の数は同じ。

解き方　分子量は，水素 H_2 2.0，二酸化炭素 CO_2 44，硫化水素 H_2S 34，アンモニア NH_3 17，塩素 Cl_2 71。仮に水素と二酸化炭素をそれぞれ 88 g ずつ取ると，水素は 44 mol，二酸化炭素は 2 mol である。

このように，同じ質量だけ取ったとき，分子量が大きいほど取られる気体の物質量は小さくなり，体積も小さくなる。よって正解は(5) Cl_2。

答　体積が最小になるもの…(5)

理由…モル質量が最大の塩素が，物質量が最小となり，同温・同圧のもとでは体積が最小となるため。(43 文字)

思考力を鍛えるのガイド　　　　教科書 p.130, 131

■ 身のまわりの物質の量　　　　関連：教科書 p.102〜109

次の各問いに答えよ。

(1)　ヒトの呼吸で排出される気体(呼気)には，体積の比で酸素が 16 % 含まれている。1 回の呼吸で吸い込む気体と吐き出す気体の体積がどちらも 448 mL(0 ℃，1.013×10^5 Pa 換算)であるとすると，1 回の呼吸で取り入れられる酸素分子の数は何個か。ただし，酸素は空気中に 21 % 含まれるものとする。

(2)　食品に含まれる食塩の質量は，食塩(塩化ナトリウム NaCl)に含まれるナトリウムの質量で書かれている場合がある。500 mL のうどんのだし汁に含まれるナトリウムの質量が 2.3 g と表示されていた場合，このだし汁に含まれる塩化ナトリウムの質量パーセント濃度は何%か。ただし，だし汁の密度を 1.0 g/mL とする。

(3)　カセットコンロに用いられるボンベの成分表示を見ると「液化ブタン C_4H_{10}，内容量 250 g」と記載されていた。このボンベ内のブタンをすべて完全に燃焼させるのに要する空気は何 L か。ただし，空気を，酸素と窒素が体積比 1：4 で混合した気体であるとする。

思考力を鍛えるのガイド　第 1 章

ポイント　必要な情報を選択しながら，物質量を基準にして考える。

解き方　(1)　吸い込む気体（＝空気）と吐き出す気体の体積は同じで，酸素の体積比のみ 5％減少しているため，単純に全体の体積の 5％に当たる酸素が取り入れられたと考えてよい。よって，取り入れる酸素分子 O_2 の数は，

$$6.0 \times 10^{23}/\text{mol} \times \frac{0.448\,\text{L}}{22.4\,\text{L/mol}} \times \frac{5}{100} = 6.0 \times 10^{20}\,(\text{個})$$

(2)　ナトリウム Na の原子量 23 より，ナトリウム 2.3 g の物質量は 0.10 mol。0.10 mol の塩化ナトリウム NaCl（式量 58.5）の質量は 5.85 g である。ここで，だし汁の密度 1.0 g/mL より，だし汁 500 mL の質量は，

$$1.0\,\text{g/mL} \times 500\,\text{mL} = 500\,\text{g}$$

よって，だし汁に含まれる塩化ナトリウムの質量パーセント濃度は，

$$\frac{5.85\,\text{g}}{500\,\text{g}} \times 100 = 1.17 \qquad \text{すなわち，} 1.2\%$$

(3)　ブタン C_4H_{10} の燃焼の化学反応式は，

$$2C_4H_{10} + 13O_2 \longrightarrow 8CO_2 + 10H_2O$$

ブタンの分子量 58 より，ブタン 250 g 中のブタン分子は $\frac{250}{58}$ mol。

反応するブタンと酸素 O_2 の物質量の比 2：13 より，酸素の物質量は，

$$\frac{250}{58}\,\text{mol} \times \frac{13}{2} = 28.01\cdots\,\text{mol} \qquad \text{すなわち，完全燃焼に必要な酸素}$$

O_2 は 28 mol。

$$22.4\,\text{L/mol} \times 28.0\,\text{mol} = 627.2\,\text{L}$$

以上より，必要な酸素の体積は約 627 L。空気は酸素と窒素の体積比が 1：4 だから，必要な空気の体積は酸素の体積の 5 倍なので，

$$627\,\text{L} \times 5 = 3135\,\text{L} \qquad \text{約 3100 L と求められる。}$$

答　(1)　6.0×10^{20}（個）　　(2)　1.2%　　(3)　3.1×10^3 L

---

2 気体の分子量を決定する実験

関連：教科書 **p.105〜107**

25 ℃，1.013×10^5 Pa の条件のもとで，窒素ボンベと未知の気体 X が入ったボンベの各質量を測定したところ，どちらも w〔g〕であった。

右図のように，水槽に水を入れ，水を満たしたメスシリンダーに，窒素ボンベから

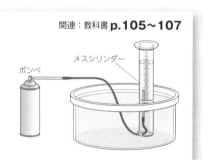

V〔L〕の窒素を水上置換で集めた。次いで，気体Xも同様に V〔L〕集めた。その後，2つのボンベの各質量を測定したところ，それぞれ，w_1〔g〕，w_2〔g〕であった。

(1) この実験について，次の①～③について，正誤を判定せよ。

①　アボガドロの法則を利用するためには，窒素と気体Xの体積の測定のときに同温・同圧である必要がある。

②　正確な実験によって，$w_1 > w_2$ となった場合，気体Xのモル質量は窒素のモル質量よりも小さいことがわかる。

③　実験室に窒素がなかった場合，メスシリンダーに集まった気体の体積をモル体積 22.4 L/mol で割ることで，メスシリンダー内の気体の物質量を求めれば，気体Xの分子量を求めることができる。

(2) 次の実験データを用いて，気体Xの分子量を求めよ。

$w = 113.362$ g，$w_1 = 113.110$ g，$w_2 = 112.840$ g，$V = 0.224$ L

ポイント　それぞれの記号に含まれる意味を整理する。

解き方　(1)　①　アボガドロの法則「気体の種類に関係なく，同体積の気体に含まれる分子の数は一定」は，同温・同圧の条件で成り立つため，正。

②　$w_1 > w_2$ が成り立つとき，ボンベの内部から同じ体積，すなわち同じ物質量の気体が失われるときの質量の減少は，気体Xのボンベのほうが大きい。V〔L〕の質量は，窒素は $w - w_1$〔g〕で気体Xは $w - w_2$〔g〕ということだから，$w_1 > w_2$ ならば，$w - w_1 < w - w_2$

これより，窒素よりも気体Xのほうがモル質量が大きいため，誤。

③　アボガドロの法則から，0℃，1.013×10^5 Pa の条件であれば，気体のモル体積は 22.4 L/mol である。したがって，$w - w_2$〔g〕から V〔L〕の気体Xの質量を求めれば，気体Xのモル質量を x〔g/mol〕とすると，$\dfrac{w - w_2〔g〕}{x〔g/mol〕} = \dfrac{V〔L〕}{22.4 \ \text{L/mol}}$ の関係が成り立つから，同時に分子量もわかる。しかし，実験は 25℃ で行われており，気体の分子の熱運動が 0℃ のときよりも大きいので，気体のモル体積は 22.4 L/mol より大きくなるため，誤。

(2)　(1)②，③より，集めた N_2 の質量は，$w - w_1$〔g〕$= 0.252$ g

集めた気体Xの質量は $w - w_2$〔g〕$= 0.522$ g

N_2 のモル質量 28 g/mol より，気体Xのモル質量を x〔g/mol〕とすると，28 g/mol : x〔g/mol〕$= \dfrac{0.252 \ \text{g}}{0.224 \ \text{L}} : \dfrac{0.522 \ \text{g}}{0.224 \ \text{L}}$　よって，$x = 58$ g/mol

よって，答えは58。

答 (1)　①正　　②誤　　③誤　　(2)　**58**

3 気体の量的関係の実験

関連：教科書 **p.118〜125**

　1.5 g の炭酸カルシウム $CaCO_3$ をいくつかのビーカーに取った。そこにそれぞれに異なった体積の塩酸 HCl をメスシリンダーではかり取って加えた。そのとき発生した二酸化炭素 CO_2 の質量をそれぞれ求め，物質量で表すと，図aのグラフが得られた。

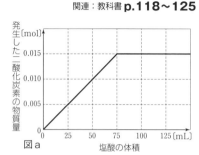

(1)　この塩酸のモル濃度は何 mol/L か。

(2)　次の記述のうち，正しいものをすべて選び番号で答えよ。

①　反応前のビーカーが純水でぬれていると，(1)で算出される塩酸の濃度は真の濃度よりも小さくなる。

②　塩酸をはかり取るメスシリンダーが純水でぬれていると，(1)で算出される塩酸の濃度は真の濃度よりも大きくなる。

③　炭酸カルシウムの質量は常に一定なので，炭酸カルシウムの純度が100 %でなくても，(1)で算出される塩酸のモル濃度は真の濃度に等しい。

(3)　別の実験グループAは図b，Bは図cの結果を得た。グループ A，B の実験条件は，上の実験とどのように異なるか。次の①〜③の記述から正しいものをそれぞれ 1 つずつ選んで番号で答え，そのように考えた理由を述べよ。

①　炭酸カルシウムの質量は同じで，塩酸のモル濃度が 2 倍になっている。

②　炭酸カルシウムの質量が 2 倍になったが，塩酸のモル濃度は同じである。

③　炭酸カルシウムの質量も塩酸のモル濃度も 2 倍になっている。

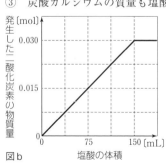

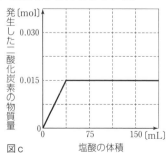

ポイント　過不足なく反応する点に着目し，図を活用して解く。

解き方 (1)　炭酸カルシウムと塩酸の化学反応式は，

$$CaCO_3 + 2HCl \longrightarrow CaCl_2 + CO_2 + H_2O$$

よって，1.5 g の炭酸カルシウム（式量 100）と過不足なく反応して 0.015 mol の二酸化炭素を生じる塩化水素の物質量は 0.030 mol。

図 a より，炭酸カルシウムと塩酸が過不足なく反応するのは塩酸の体積が 75 mL のときだから，モル濃度は，$\dfrac{0.030\ \text{mol}}{0.075\ \text{L}} = 0.40\ \text{mol/L}$

(2)①　ビーカーが純水で濡れていても，炭酸カルシウム 1.5 g と過不足なく反応するために必要な塩酸の体積や，発生する二酸化炭素の物質量に影響しないため，誤り。

②　メスシリンダーが純水で濡れていると，加えられる塩酸のモル濃度がもとの塩酸よりも小さくなるため，過不足ない反応に必要とされる塩酸の体積が正しい値よりも大きくなる。このとき，(1)で算出される塩酸のモル濃度も，もとの塩酸のものより小さくなるので，誤り。

③　(1)の計算では，反応により発生した二酸化炭素の物質量を図から読み取って使うことができるので，炭酸カルシウムの正確な物質量を調べる必要はない。よって，この文は正しい。

(3)　過不足なく反応する点の，発生した二酸化炭素の物質量から炭酸カルシウムの増減を，必要な塩酸の体積から塩酸のモル濃度の変化を調べる。

図 b：図 a に比べて，過不足なく反応する点の塩酸の体積，発生する二酸化炭素の体積ともに 2 倍になっている。よって②。

図 c：図 a と比べて，過不足なく反応する点で発生する二酸化炭素の物質量は変化していないが必要な塩酸の体積は半減している。よって①。

答 (1)　**0.40 mol/L**　　(2)　**③**

(3)　**グループ A…②，（理由）…発生した二酸化炭素の物質量が 2 倍となっているので，炭酸カルシウムの質量は 2 倍と考えられる。また，化学反応式の係数比より，過不足なく反応したときの塩化水素の物質量は 0.060 mol。グラフより，塩酸のモル濃度は，$\dfrac{0.060\ \text{mol}}{0.150\ \text{L}} = 0.40\ \text{mol/L}$。**

グループ B…①，（理由）…発生した二酸化炭素の物質量は同じなので，炭酸カルシウムの質量も同じと考えられる。また，化学反応式の係数比より，過不足なく反応したときの塩化水素の物質量は 0.030 mol。グラフより，塩酸のモル濃度は，$\dfrac{0.030\ \text{mol}}{0.0375\ \text{L}} = 0.80\ \text{mol/L}$。

第2章 酸と塩基

教科書の整理

第①節 酸と塩基

教科書 **p.132~137**

A 酸と塩基の性質と定義

❶ **酸と水素イオン** 酸は水溶液中で電離し，水素イオン H^+ を生じる。

酸性 青色リトマス紙を赤変させたり，金属と反応して水素を発生したりする性質。

酸 酸性を示す物質を酸という。

オキソニウムイオン 水素イオン H^+ は，水溶液中では水分子 H_2O と配位結合を形成し，オキソニウムイオン H_3O^+ になっている。

(例)$HCl + H_2O \longrightarrow H_3O^+ + Cl^-$

❷ **塩基と水酸化物イオン** 塩基は水溶液中で電離し，水酸化物イオン OH^- を生じる。

塩基性 赤色リトマス紙を青変させたり，酸と反応して酸性を失わせたりする性質。

塩基 塩基性を示す物質を塩基という。

❸ **酸・塩基の定義⑴ アレニウスの定義**

■ **重要公式**

酸…水溶液中で電離して，水素イオン H^+(H_3O^+)を生じる物質。

塩基…水溶液中で電離して，水酸化物イオン OH^- を生じる物質。

B 広い意味での酸・塩基の定義

❶ **水素イオンの授受と酸・塩基** 水素の授受を伴う酸と塩基の反応は水溶液中でなくとも発生する。しかし，この場合はアレニウスの定義は適用できない。

❷ **酸・塩基の定義⑵ ブレンステッド・ローリーの定義**

■ **重要公式**

酸…相手に H^+(陽子，プロトン)を与える物質。

塩基…相手から H^+(陽子，プロトン)を受け取る物質。

> **⚠ここに注意**
> オキソニウムイオンは，簡略化して H^+ と示されることが多い。

> **🔍もっと詳しく**
> 水によく溶ける塩基は**アルカリ**ともいう。

> **⚠ここに注意**
> アンモニアは，分子中に OH^- を含まないが水溶液中で水酸化物イオンを生じるため，塩基に分類される。

　ブレンステッド・ローリーの定義は水溶液中に限らず，気体どうしや固体との反応も定義できる。また，この定義では，同じ物質でも反応の相手によって酸として働いたり，塩基として働いたりする。

(例)HCl や NH_3 の水への溶解

C 酸・塩基の価数

❶ **酸の価数** 酸1分子の化学式中で，電離して水素イオン H^+ になることができる H の数。価数により1価，2価，3価などの酸に分類される。

❷ **塩基の価数** 塩基の化学式中で，電離して OH^- になることができる OH の数，または受け取ることができる H^+ の数。

価数による酸の分類

価数	物質名	化学式
1価	塩酸 硝酸 酢酸※	HCl HNO_3 CH_3COOH
2価	硫酸 硫化水素 シュウ酸 二酸化炭素	H_2SO_4 H_2S $(COOH)_2$ CO_2
3価	リン酸	H_3PO_4

価数による塩基の分類

価数	物質名	化学式
1価	水酸化ナトリウム 水酸化カリウム アンモニア	$NaOH$ KOH NH_3
2価	水酸化カルシウム 水酸化バリウム 水酸化マグネシウム	$Ca(OH)_2$ $Ba(OH)_2$ $Mg(OH)_2$
3価	水酸化アルミニウム	$Al(OH)_3$

※酢酸の化学式にある H のうち，H^+ になり得るのは，電気陰性度の大きい O 原子に結合した末尾の H のみであるため，1価の酸に分類される。

D 酸・塩基の強さ

❶ **電離度**(記号 α) 酸や塩基などの電離の割合。

■ 重要公式

$$電離度 \, \alpha = \frac{電離した電解質の物質量〔mol〕}{溶かした電解質の物質量〔mol〕} \quad (0 < \alpha \leq 1)$$

$$= \frac{電離した電解質のモル濃度〔mol/L〕}{溶かした電解質のモル濃度〔mol/L〕}$$

⚠ここに注意
電離度は，物質によって異なり，温度によっても異なる。

❷ **酸・塩基の強弱**

　強酸 水溶液中でほぼ完全に電離し，電離度が1に近い酸。

　強塩基 水溶液中でほぼ完全に電離し，電離度が1に近い塩基。

　弱酸 水溶液中で一部しか電離せず，電離度が小さい酸。

　弱塩基 水溶液中で一部しか電離せず，電離度が小さい塩基。

　※弱酸・弱塩基は，濃度が小さくなれば電離度は大きくなる。

⚠ここに注意
酸・塩基の強弱は，その価数の大小とは関係ない。

価数と強弱による酸の分類

価数	強酸	弱酸
1価	塩酸 HCl 硝酸 HNO$_3$	酢酸 CH$_3$COOH
2価	硫酸 H$_2$SO$_4$	硫化水素 H$_2$S シュウ酸 (COOH)$_2$※ 二酸化炭素 CO$_2$
3価		リン酸 H$_3$PO$_4$※

※シュウ酸 (COOH)$_2$ やリン酸 H$_3$PO$_4$ は，弱酸の中では比較的酸性
　が強い。シュウ酸は H$_2$C$_2$O$_4$ とも表される。
多価の酸では，電離は段階的に進む。

$$(COOH)_2 \rightleftharpoons H^+ + H(COO)_2{}^- (シュウ酸水素イオン)$$
$$H(COO)_2{}^- \rightleftharpoons H^+ + (COO)_2{}^{2-} (シュウ酸イオン)$$

$$H_3PO_4 \rightleftharpoons H^+ + H_2PO_4{}^- (リン酸二水素イオン)$$
$$H_2PO_4{}^- \rightleftharpoons H^+ + HPO_4{}^{2-} (リン酸水素イオン)$$
$$HPO_4{}^{2-} \rightleftharpoons H^+ + PO_4{}^{3-} (リン酸イオン)$$

価数と強弱による塩基の分類

価数	強塩基	弱塩基
1価	水酸化ナトリウム NaOH 水酸化カリウム KOH	アンモニア NH$_3$
2価	水酸化カルシウム Ca(OH)$_2$ 水酸化バリウム Ba(OH)$_2$	水酸化マグネシウム Mg(OH)$_2$※ 水酸化銅(Ⅱ) Cu(OH)$_2$※
3価		水酸化アルミニウム Al(OH)$_3$

※ Ca(OH)$_2$ や Mg(OH)$_2$ は水にほとんど溶けない塩基である。

第❷節 水の電離と pH

教科書 p.138〜141

A 水の電離

水の電離　純粋な水もごくわずかに電離している。

$$H_2O \rightleftharpoons H^+ + OH^-$$

水の電離における水素イオンと水酸化物イオンのモル濃度を
それぞれ [H$^+$]，[OH$^-$] で表すと，[H$^+$]＝[OH$^-$] が成り立つ。
　また，水温が 25℃ の時に，次の式が成り立つ。

$$[H^+] = [OH^-] = 1.0 \times 10^{-7} \, \text{mol/L} \quad (25℃)$$

※温度が一定のとき，[H$^+$]と[OH$^-$]の積も一定。

👀もっと詳しく

多段階電離は，
1 段階目の電
離度が最も大
きく，第 2，
第 3 と電離の
段階が進むほ
ど，電離度は
著しく小さく
なる。

⚠ここに注意

特に記載がな
い限り，水溶
液は 25℃ と
する。

B　水溶液の酸性・塩基性

❶ pH（水素イオン指数）　水溶液の酸性・塩基性の強弱を表すために使われる，水素イオン濃度$[H^+]$に基づく簡単な数値。

・**水素イオン濃度**　H^+ のモル濃度。$[H^+]$と表す。また，水酸化物イオン濃度は OH^- のモル濃度を指し，$[OH^-]$と表す。

■ **重要法則**

$[H^+]=1.0\times10^{-x}\,mol/L$　このとき，$pH=x$

> ⚠ **ここに注意**
> 酸性の水溶液でも，塩基性の水溶液でも，常に H^+ と OH^- の両方が存在する。

❷ pHと酸性・塩基性　水溶液の性質と$[H^+]$，$[OH^-]$，pHの関係性を整理すると以下のようになる。

■ **重要法則**

酸　性　$[H^+]>1.0\times10^{-7}\,mol/L>[OH^-]$，$pH<7$ ← pHの値が小さいほど強酸

中　性　$[H^+]=1.0\times10^{-7}\,mol/L=[OH^-]$，$pH=7$

塩基性　$[H^+]<1.0\times10^{-7}\,mol/L<[OH^-]$，$pH>7$ ← pHの値が大きいほど強塩基

教科書 **p.140**　**発展**　**水のイオン積と pH**

●**電離平衡**　水の電離では，水素イオンと水酸化物イオンから水を生じる逆向きの反応も常に起こっている（可逆反応）。　　$H_2O \rightleftharpoons H^+ + OH^-$

電離する水分子と生成する水分子の数が等しくなると，見かけ上，反応が停止しているようにみえる。このような状態を**平衡状態**といい，電離の場合を特に**電離平衡**という。

●**水のイオン積**　水の電離平衡では，次の関係が成り立つ。

$[H^+][OH^-]=K_w$　K_w：水のイオン積。一定温度では一定の値をとる。

・25℃における水のイオン積は，$K_w=1.0\times10^{-14}\,(mol/L)^2$

●**水のイオン積の利用**　酸性や塩基性の水溶液でも，温度が一定であれば水のイオン積は一定の値となる。このことから，$[H^+]$か$[OH^-]$のどちらかの値がわかれば，もう一方の値を求められる。

●**水素イオン指数 pH**

$[H^+]=a\times10^{-b}\,mol/L$ のとき，$pH=-\log_{10}[H^+]=b-\log_{10}a$

●**水酸化物イオン指数 pOH**　$pOH=-\log_{10}[OH^-]$

25℃では，$pH+pOH=14$

C　指示薬とpH測定

指示薬（pH指示薬）　水溶液の pH を調べるために用いられる，pH に応じて色調が変わる物質。

変色域　pH 指示薬で，色調の変わる pH の範囲のこと。

指示薬	変色域の pH	色調の変化
メチルオレンジ(MO)	3.1〜4.4	赤色⇔黄色
メチルレッド(MR)	4.2〜6.2	赤色⇔黄色
ブロモチモールブルー(BTB)	6.0〜7.6	黄色⇔青色
フェノールフタレイン(PP)	8.0〜9.8	無色⇔赤色

> **もっと詳しく**
> より正確な pH の測定には，pH メーターが用いられる。

教科書の整理　第２章

教科書 p.141　参考　指示薬の色の変化の仕組み

　指示薬の色調が変わるのは，色素の分子が弱酸・弱塩基として働き，H^+ を与えたり受け取ったりして，構造を変えるためである。

第❸節　酸・塩基の中和と塩

教科書 p.142〜156

A 中和と塩

中和(中和反応)　酸と塩基が反応して，その性質を互いに打ち消す変化。一般に，酸から生じた H^+ と塩基から生じた OH^- が反応して，水 H_2O を生じる変化である。

　　中和：$H^+ + OH^- \longrightarrow H_2O$

> **⚠ここに注意**
> 中和反応でも，OH^- を含まない塩基が反応する場合は，H_2O を生じない。
> 例　塩化水素 HCl とアンモニア NH_3 の中和反応
> 　　$HCl + NH_3 \longrightarrow NH_4Cl$

塩　酸の陰イオンと塩基の陽イオンから生じる化合物。中和反応において，水とともに生成する。

B 中和滴定

❶ 中和の量的関係　酸が与える H^+ の物質量と，塩基が与える OH^- の物質量が等しいとき，酸と塩基は過不足なく反応する。そうなる点のことを中和点と呼ぶ。

> **もっと詳しく**
> 中和後の水溶液の水を蒸発させると，塩の結晶が得られる。

■ **重要公式**
　中和の量的関係(物質量)

　$\underbrace{(\text{酸の価数}) \times (\text{酸の物質量})}_{H^+ \text{の物質量}} = \underbrace{(\text{塩基の価数}) \times (\text{塩基の物質量})}_{OH^- \text{の物質量(塩基が受け取る } H^+ \text{の物質量})}$

> **⚠ここに注意**
> 中和点は，必ずしも中性とは限らない。

モル濃度 c〔mol/L〕の a 価の酸の水溶液 V〔L〕と，モル濃度 c'〔mol/L〕の b 価の塩基の水溶液 V'〔L〕とが過不足なく中和したとき，次式の関係が成り立つ。

■ **重要公式**

中和の量的関係（濃度と体積）

$$a \times \underbrace{c \text{〔mol/L〕} \times V \text{〔L〕}}_{H^+ \text{の物質量}} = b \times \underbrace{c' \text{〔mol/L〕} \times V' \text{〔L〕}}_{OH^- \text{の物質量}} \quad (acV = bc'V')$$

❷ **中和滴定**　濃度未知の酸または塩基の水溶液を，濃度のわかっている塩基または酸の水溶液と過不足なく反応（中和）させ，中和の量的関係を利用して，未知の酸または塩基の濃度を求める実験操作のこと。

❸ **弱酸・弱塩基の中和滴定と電離度**　中和における量的関係は，酸や塩基の強弱や電離度に関わらず成り立つ。

逆滴定　濃度を調べたい試料溶液に，濃度のわかっている試薬を過剰量加えて反応させ，残りの過剰試薬を別の濃度がわかっている試薬で滴定し，間接的に試料溶液の濃度を調べる方法。

教科書
p.145　| **発 展** | **酸・塩基の電離と化学平衡**

● **可逆反応**　どちらの向きにも進むことができる化学反応。矢印「⟶」のかわりに両方向きの矢印「⇌」を使って1つの式で表す。

（例）　$CH_3COOH \rightleftharpoons H^+ + CH_3COO^-$

● **化学平衡**　可逆反応において，右向きの反応（正反応）と，左向きの反応（逆反応）が同時に起こっていて，反応物と生成物の量的なつり合いが保たれている状態のこと。可逆反応が電離の場合を特に**電離平衡**という。

● **ルシャトリエの原理**　化学平衡の状態では，一般に，濃度や温度などの反応条件を変えると，その条件変化を打ち消す方向に反応が進み，新たな平衡状態になる（**平衡移動**）。

---

❹ **中和滴定の操作と器具**　シュウ酸の標準溶液を用い，濃度不明の水酸化ナトリウム水溶液の濃度を中和滴定で求める例。

① 0.0500 mol/L のシュウ酸水溶液をホールピペットで 10.0 mL 正確にはかり取り，コニカルビーカーに入れる。

② フェノールフタレイン溶液1〜2滴を，指示薬として①のシュウ酸水溶液に加える。

③ビュレットに濃度不明の水酸化ナトリウム水溶液を入れ，滴下前の目盛 v_1〔mL〕を読む。

④ビュレットから水酸化ナトリウム水溶液を滴下し，振り混ぜる操作を繰り返す。

⑤水溶液がうすい赤色になり，振り混ぜても消えなくなったところで滴下を止め，ビュレットの目盛 v_2〔mL〕を読む。v_2-v_1〔mL〕を水酸化ナトリウム水溶液の滴下量とする。

⑥操作①～⑤を数回繰り返し，滴下量の平均値を求める。水酸化ナトリウム水溶液の濃度 c〔mol/L〕は，

$$2\times0.0500\ \text{mol/L}\times\frac{10.0}{1000}\text{L}=1\times c\text{〔mol/L〕}\times\frac{v_2-v_1}{1000}\text{L}$$

シュウ酸から生じる H^+ の物質量　　水酸化ナトリウムから生じる OH^- の物質量

> **⚠ ここに注意**
> ホールピペット・ビュレットは**共洗い**。メスフラスコ・コニカルビーカーは純水で洗う。

教科書 p.146 参考 標定と標準溶液

●**標定** 正確な濃度を定めにくい水溶液を，中和滴定で別の水溶液の濃度を定めるために使うとき，あらかじめ正確な濃度が分かる試薬で中和滴定し，正確な濃度を求めておく操作のこと。

●**標準溶液** 標定に用いられる，濃度既知の試薬溶液のこと。

●中和滴定に使用される器具

・**メスフラスコ** メスフラスコは正確なモル濃度の溶液をつくるときに用いる。正確にはかり取った試薬をビーカーで少量の蒸留水に溶かして移し入れる。このとき，試薬を全量移すためにビーカーをすすいだ洗液もすべて流し入れる。その後，標線まで蒸留水を加え，うすめる操作を行うため，使用前に純水で洗ったメスフラスコをぬれたままで使用できる。

・**ホールピペット・ビュレット** 一定濃度の溶液を，ホールピペットは定まった体積だけはかり取るとき，ビュレットは滴下した体積をはかるときに用いる。このとき，内壁がぬれて水がついていると，その水によって水溶液の濃度がうすくなってしまう。このため，ホールピペットやビュレットは使用する溶液で内壁を洗浄する共洗いが必要である。なお，溶液を流し出した後は，内壁が溶液でぬれているが，その分は，分量に見込まれているので，そのままにしてよい。

> **⚠ ここに注意**
> 水酸化ナトリウムは潮解性があり，また，空気中の二酸化炭素と反応するので，標準溶液には向かない。

教科書の整理　第2章

⚠ここに注意

ガラスが加熱で膨張・変形し正確な体積がはかれなくなるのを
防ぐため，コニカルビーカー以外は加熱乾燥をしてはいけない。

教科書 p.147 参考　電気伝導度を利用した中和滴定

中和滴定では，指示薬を用いる代わりに溶液の電気伝導度の変化を利用することができる。中和点では電気伝導度が最も小さくなる。
（例）　塩酸 HCl に水酸化ナトリウム NaOH 水溶液を滴下していく場合，はじめは次第に電気を通しやすい H^+ が減少し，通しにくい Na^+ が増加する。中和点では H^+ の物質量が0になり，電流値の値は最も小さくなる。中和点を超えると OH^- が増加していくため，電流値も次第に増加する。

C 滴定曲線

滴定曲線　中和滴定で，加えた塩基または酸の水溶液の体積と，混合水溶液の pH との関係を表す曲線。水溶液の pH は中和点付近で急激に変化し，中和滴定グラフはほぼ垂直になる。滴定ではこの垂直部分に変色域が含まれる指示薬を用いると，色の変化から中和点がわかる。

もっと詳しく
中和点付近の急激な pH の変化のことを pH ジャンプという。

・強酸と強塩基：中和点では中性。指示薬は，フェノールフタレイン（変色域 pH 8.0〜9.8），メチルオレンジ（変色域 pH 3.1〜4.4）のどちらでも用いることができる。
・弱酸と強塩基：中和点では弱塩基性。指示薬はフェノールフタレインを用いる。
・強酸と弱塩基：中和点では弱酸性。指示薬はメチルオレンジを用いる。
・弱酸と弱塩基：中和点でほぼ中性。pH の急激な変化がないため，指示薬で中和点を知るのは難しい。

教科書 p.151 参考　炭酸ナトリウムの二段階中和

炭酸ナトリウム水溶液を塩酸で中和滴定すると，2段階の反応がおこる。

$$Na_2CO_3 + HCl \longrightarrow NaCl + NaHCO_3 \quad \text{(a)}$$
$$NaHCO_3 + HCl \longrightarrow NaCl + H_2O + CO_2 \quad \text{(b)}$$

このとき，まず式(a)の反応が完了してから，式(b)の反応が起こる。したがって，中和滴定曲線は，図のように，pH が急激に変化する部分が2か所できる。

第１中和点では，NaCl と NaHCO₃ の混合水溶液になっており，弱い塩基性を示すため，指示薬にフェノールフタレインを使う。また，第２中和点では，NaCl と CO_2 の混合水溶液となっている。このため，弱い酸性を示すため，指示薬にメチルオレンジを使うことで，中和点を知ることができる。

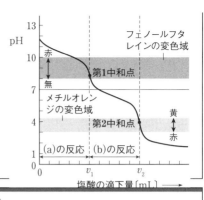

教科書 p.152　発展　混合溶液の二段階中和

●**混合水溶液の滴定**　水酸化ナトリウム水溶液を放置しておくと，空気中の二酸化炭素を吸収して次の反応が起こり，炭酸ナトリウムNa_2CO_3と水酸化ナトリウム NaOH の混合水溶液となる。

$$2NaOH + CO_2$$
$$\longrightarrow Na_2CO_3 + H_2O \quad (c)$$

　この混合水溶液を塩酸で中和滴定すると，中和滴定曲線は図のように，２か所で pH が急激に変化する。

　第１中和点までは次の(d)，(e)の反応が，第１中和点から第２中和点までは，(f)の反応が起こる。

$NaOH + HCl \longrightarrow NaCl + H_2O$	(d)
$Na_2CO_3 + HCl \longrightarrow NaCl + NaHCO_3$	(e)
$NaHCO_3 + HCl \longrightarrow NaCl + H_2O + CO_2$	(f)

　第１中和点，第２中和点の塩酸の滴下量から，NaOH，Na_2CO_3の量が求められる。

D 塩の分類と水溶液の性質

❶ 塩の組成による分類　塩は，その組成の中の H，OH の有無によって以下のように分類される。

・**正塩**　化学式中に酸の H も塩基の OH も残っていない塩。

・**酸性塩（水素塩）**　化学式中に酸の H が残っている塩。

・**塩基性塩**　化学式中に塩基の OH が残っている塩。

⚠ここに注意

正塩・酸性塩・塩基性塩の分類は，水溶液の性質を示しているのではない。

❷ **正塩の水溶液の性質**　正塩をつくる酸と塩基の組み合わせにより，水溶液の性質（液性）がわかる。

・強酸＋強塩基→中性　　　（例）NaCl（HCl ＋ NaOH）

・強酸＋弱塩基→酸性　　　（例）NH_4Cl（HCl ＋ NH_3）

・弱酸＋強塩基→塩基性　　（例）Na_2CO_3（H_2CO_3 ＋ NaOH）

> **もっと詳しく**
> 弱酸と弱塩基の塩は，種類により異なる。

> **教科書 p.153　参考　塩の生成**
>
> 塩は，酸・酸性酸化物・非金属元素の単体のいずれかと，塩基・塩基性酸化物・金属元素の単体のいずれかの組み合わせの反応で生じる。

> **教科書 p.154　発展　塩の加水分解**
>
> 酢酸ナトリウム CH_3COONa は，水溶液中で CH_3COO^- と Na^+ に電離している。しかし，酢酸 CH_3COOH は弱酸で電離度が小さいため，CH_3COO^- は溶媒の水分子 H_2O と反応して CH_3COOH に戻る。このとき，水酸化物イオン OH^- が生じるので，CH_3COONa の水溶液は塩基性を示す。
>
> $$CH_3COO^- + H_2O \rightleftharpoons CH_3COOH + OH^-$$
>
> また，塩化アンモニウム NH_4Cl は，水溶液中で NH_4^+ と Cl^- に電離している。しかし，アンモニア NH_3 は弱塩基で電離度が小さいため，NH_4^+ の一部は H_2O と反応して NH_3 に戻る。このとき，オキソニウムイオン H_3O^+ が生じるので，NH_4Cl の水溶液は酸性を示す。　$NH_4^+ + H_2O \rightleftharpoons NH_3 + H_3O^+$
>
> このように，弱酸や弱塩基から生じた塩が，溶媒の水と反応してもとの弱酸や弱塩基に戻る反応を，**塩の加水分解**という。

E 塩の反応

❶ **弱酸・弱塩基の遊離**

・**弱酸の遊離**　弱酸の塩と強酸の反応→弱酸が遊離

（例）$2CH_3COONa + H_2SO_4 \longrightarrow 2CH_3COOH + Na_2SO_4$
　　　弱酸の塩　　　　　強酸　　　　　　弱酸　　　　　強酸の塩

・**弱塩基の遊離**　弱塩基の塩と強塩基の反応→弱塩基が遊離

（例）$2NH_4Cl + Ca(OH)_2 \longrightarrow 2NH_3 + 2H_2O + CaCl_2$
　　　弱塩基の塩　　　強塩基　　　　弱塩基　　　　　　強塩基の塩

❷ **揮発性の酸の遊離**　揮発性の酸の塩と不揮発性の酸の反応→揮発性の酸が遊離（揮発性の酸は気体となりやすいため）

（例）　NaCl　＋　H_2SO_4　$\longrightarrow$　HCl ↑ ＋　$NaHSO_4$
　　　揮発性の酸の塩　　不揮発性の酸　　　揮発性の酸　　不揮発性の酸の塩

> **もっと詳しく**
> 常温でも気体になりやすく，空気中に出ていく性質を揮発性という。

実験・探究のガイド

教科書 p.141 　**実験**　3. 希塩酸の pH 測定　　関連：教科書 p.138〜139

結果 のガイド

1. 約 12 mol/L の濃塩酸を 120 倍に希釈した塩酸のモル濃度はおよそ 0.1 mol/L。0.10 mol/L の塩酸の水素イオン濃度は，$[H^+]=1.0\times10^{-1}$ mol/L であるから，pH は 1 である。これを 10 倍にうすめると，$[H^+]=1.0\times10^{-2}$ mol/L であるから，pH は 2。100 倍にうすめると，$[H^+]=1.0\times10^{-3}$ mol/L であるから，pH は 3 である。このように，$[H^+]$ が $\frac{1}{10}$ になると，pH は 1 大きくなる(ただし，7 を超えることはない)。実験の結果がこの通りになるか確認する。

教科書 p.148 　**探究**　5. 中和滴定　　関連：教科書 p.142〜147

操作 の留意点

1. ⑤，⑦の操作で滴下量の平均を求めるとき，他の試行の結果と比べ誤差の大きい数値(外れ値)は採用しない。

結果 のガイド

(例) I. NaOH 水溶液の正確な濃度測定

実験回数	1	2	3
はじめ v_1[mL]	0.85	10.40	1.33
滴定後 v_2[mL]	10.40	19.92	10.87
v_2-v_1[mL]	9.55	9.52	9.54
	平均	9.54	mL

II. 食酢の濃度決定

実験回数	1	2	3
v_1[mL]	0.38	6.90	13.39
v_2[mL]	6.90	13.39	19.89
v_2-v_1[mL]	6.52	6.49	6.50
	平均	6.50	mL

考察 のガイド

考察 　[1]　①のシュウ酸水溶液の濃度は何 mol/L か。

　　　[2]　Iの結果から，水酸化ナトリウム水溶液の濃度は何 mol/L か。

　　　[3]　IIの結果から食酢中の酢酸のモル濃度を求め，食酢の密度を 1.02 g/mL，食酢中の酸をすべて酢酸として，食酢の「酸度」を求めよ。

[1]　シュウ酸二水和物 0.63 g の物質量は，$\dfrac{0.63\ \text{g}}{126\ \text{g/mol}}=0.0050$ mol　よって，①のシュウ酸水溶液 100 mL 中に含まれるシュウ酸は 0.0050 mol であり，モル濃度は $\dfrac{0.0050\ \text{mol}}{0.10\ \text{L}}=0.050$ mol/L　　よって，5.0×10^{-2} mol/L である。

2　考察①より，求める水酸化ナトリウム水溶液のモル濃度を x〔mol/L〕とすると，

$$(COOH)_2 + 2NaOH \longrightarrow (COONa)_2 + 2H_2O$$

中和の量的関係から以下の等式が成り立つ。

$$5.0\times10^{-2}\ \text{mol/L}\times2\times\frac{10}{1000}\ \text{L}=x\text{〔mol/L〕}\times1\times\frac{9.54}{1000}\ \text{L}$$

$$x=0.1048\cdots\text{mol/L}$$

よって水酸化ナトリウム水溶液の濃度は 0.10 mol/L である。

3　もとの食酢中の酢酸のモル濃度を y〔mol/L〕とおく。中和の量的関係は，

$$CH_3COOH + NaOH \longrightarrow CH_3COONa + H_2O$$

$$0.105\ \text{mol/L}\times1\times\frac{6.50}{1000}\ \text{L}=\frac{y}{10}\ \text{mol/L}\times1\times\frac{10}{1000}\ \text{L}$$

$$y\text{〔mol/L〕}=0.6825\ \text{mol/L}$$

よって，求めるモル濃度は 0.683 mol/L。酢酸のモル質量は 60 g/mol であるため，食酢 1 L について考えると，

$$\frac{0.683\ \text{mol}\times60\ \text{g/mol}}{1020\ \text{g}}\times100=4.01\cdots(\%)$$

上式より，食酢の酸度は 4.0％である。

教科書 p.149　探究問題　5A．中和滴定

探究5 **結果** のガイドと **考察** のガイドを参照。

教科書 p.149　探究問題　5B．中和滴定

（**使用上の注意**）使用する実験器具で，共洗いが必要な器具名と，その理由を答えよ。

ポイント　実験使用時の溶液に含まれる溶質の物質量に注目。

解き方　ホールピペットとビュレットは，器具内に純水が残っていると，溶液の濃度がうすくなり，体積を正確にはかっても，含まれる溶質の物質量が変わるため，共洗いが必要。

答 器具名：ホールピペット，ビュレット

理由：器具内に純水が残っていると，溶液の濃度がうすくなり，体積を正確にはかっても，含まれる溶質の物質量が変わるため。

問のガイド

教科書 p.133
問 1

次の酸・塩基の水溶液中での電離をイオン反応式で表せ。
(1) 硝酸　　　(2) 水酸化バリウム

ポイント 酸・塩基は水溶液中で電離して，それぞれ水素イオン，水酸化物イオンを生じる。

解き方(1) 硝酸は，水溶液中では次のように電離して，オキソニウムイオンと硝酸イオンを生じる。

$$HNO_3 + H_2O \longrightarrow NO_3^- + H_3O^+$$

オキソニウムイオンを簡略化して水素イオンで表すと，電離は次のように表される。

$$HNO_3 \longrightarrow H^+ + NO_3^-$$

(2) 水酸化バリウムは水溶液中で電離し，バリウムイオンと水酸化物イオンを生じる。

$$Ba(OH)_2 \longrightarrow Ba^{2+} + 2OH^-$$

答(1) $HNO_3 \longrightarrow H^+ + NO_3^-$

〔別解〕$HNO_3 + H_2O \longrightarrow H_3O^+ + NO_3^-$

(2) $Ba(OH)_2 \longrightarrow Ba^{2+} + 2OH^-$

教科書 p.135
問 2

次の反応で，水 H_2O はそれぞれ酸・塩基のどちらの働きをしているか。
(1) $NH_4^+ + H_2O \rightleftarrows NH_3 + H_3O^+$
(2) $CO_3^{2-} + H_2O \rightleftarrows HCO_3^- + OH^-$

ポイント H^+ を与える物質が酸，H^+ を受け取る物質が塩基。

解き方(1) 水 H_2O はアンモニウムイオン NH_4^+ から H^+ を受け取っているので，塩基として働いている。このとき，H^+ を与えたアンモニウムイオンは酸として働いている。

(2) 水 H_2O は炭酸イオン CO_3^{2-} に H^+ を与えているので，酸として働いている。このとき，炭酸イオンは H^+ を受け取っているので，塩基として働いている。

答(1) 塩基 (2) 酸

教科書 **p.137**
問 3

酢酸 0.10 mol を水に溶かすと,水素イオン H^+ が 0.0010 mol 生じた。この酢酸の電離度はいくらか。

ポイント

$$電離度 \ \alpha = \frac{電離した酸(塩基)の物質量〔mol〕}{溶かした酸(塩基)の物質量〔mol〕}$$

解き方 酢酸は1価の酸なので,電離度 $\alpha = \dfrac{0.0010 \ \text{mol}}{0.10 \ \text{mol}} = 0.010$

答 1.0×10^{-2}

教科書 **p.139**
類題 1

次の各 25 ℃水溶液の pH を,教科書 p.139 図8も参照して求めよ。

(1) 0.010 mol/L の硝酸および水酸化カリウム水溶液

(2) 0.050 mol/L の硫酸(完全に電離するものとする)および水酸化バリウム水溶液

(3) 0.040 mol/L の酢酸およびアンモニア水(ともに電離度 $\alpha = 0.025$ とする)

ポイント

酸について [H^+] =(モル濃度)×(電離度)×(価数)
塩基について[OH^-]=(モル濃度)×(電離度)×(価数)

解き方 (1) 硝酸:[H^+]=0.010 mol/L×1.0×1=1.0×10^{-2} より,pH は 2
　　水酸化カリウム水溶液:[OH^-]=0.010 mol/L×1.0×1=1.0×10^{-2} より,pH は 12

(2) 硫酸:[H^+]=0.050 mol/L×1.0×2=1.0×10^{-1} より pH は 1
　　水酸化バリウム水溶液:[OH^-]=0.050 mol/L×1.0×2=1.0×10^{-1} より,pH は 13

(3) 酢酸:[H^+]=0.040 mol/L×0.025×1=1.0×10^{-3} より,pH は 3
　　アンモニア水:[OH^-]=0.040 mol/L×0.025×1=1.0×10^{-3} より,pH は 11

答(1) 硝酸:**pH 2** 水酸化カリウム水溶液:**pH 12**

(2) 硫酸:**pH 1** 水酸化バリウム水溶液:**pH 13**

(3) 酢酸:**pH 3** アンモニア水:**pH 11**

教科書 p.142 問 4

次の酸と塩基の中和を化学反応式で表し，生じた塩の名称を答えよ。

(1)　HNO₃ と NaOH
(2)　HCl と Ba(OH)₂
(3)　酢酸と水酸化ナトリウム
(4)　硫酸とアンモニア

ポイント　中和では，一般に，酸・塩基から生じた H⁺・OH⁻ から水が生じる。

解き方

(1)　硝酸ナトリウム NaNO₃ と水 H₂O を生じる。

(2)　塩化バリウム BaCl₂ と水 H₂O を生じる。過不足なく反応するように化学反応式の係数を調整する。

(3)　酢酸 CH₃COOH と水酸化ナトリウム NaOH が反応すると，酢酸ナトリウム CH₃COONa と水が生じる。

(4)　硫酸 H₂SO₄ とアンモニア NH₃ が反応すると，硫酸アンモニウム (NH₄)₂SO₄ が生じる。塩基が OH⁻ をもたないので，水は生じない。

答

(1)　$HNO_3 + NaOH \longrightarrow NaNO_3 + H_2O$　硝酸ナトリウム

(2)　$2HCl + Ba(OH)_2 \longrightarrow BaCl_2 + 2H_2O$　塩化バリウム

(3)　$CH_3COOH + NaOH \longrightarrow CH_3COONa + H_2O$　酢酸ナトリウム

(4)　$H_2SO_4 + 2NH_3 \longrightarrow (NH_4)_2SO_4$　硫酸アンモニウム

教科書 p.143 問 5

次の酸 1 mol と過不足なく中和する水酸化バリウムはそれぞれ何 mol か。

(1)　塩酸
(2)　酢酸
(3)　シュウ酸
(4)　リン酸

ポイント　中和のとき，酸の H⁺ と塩基の OH⁻ の物質量は等しい。

解き方

(1)　水酸化バリウム Ba(OH)₂ は 2 価の塩基で，塩酸 HCl は 1 価の酸であるため，この酸と塩基の中和の反応式は以下のようになる。
$2HCl + Ba(OH)_2 \longrightarrow BaCl_2 + 2H_2O$　よって，HCl 1 mol と過不足なく中和する Ba(OH)₂ は 0.5 mol である。

(2)　酢酸 CH₃COOH は 1 価の酸だから，過不足なく中和するために必要な Ba(OH)₂ の物質量は 0.5 mol。

(3)　シュウ酸 (COOH)₂ は 2 価の酸だから，Ba(OH)₂ の物質量は 1 mol。

(4)　リン酸 H₃PO₄ は 3 価の酸だから，Ba(OH)₂ の物質量は 1.5 mol。

答　(1)　0.5 mol　(2)　0.5 mol　(3)　1 mol　(4)　1.5 mol

問のガイド　第2章

教科書 p.143 問6　濃度が不明の塩酸 10 mL と，0.10 mol/L の水酸化ナトリウム水溶液 20 mL が過不足なく中和した。この塩酸のモル濃度は何 mol/L か。

ポイント　酸の与える H^+ の物質量と塩基の与える OH^- の物質量が等しくなる。

解き方　求めたい塩酸のモル濃度を x〔mol/L〕とおくと，以下の式が成り立つ。
$1 \times x$〔mol/L〕$\times 0.01$ L $= 1 \times 0.10$ mol/L $\times 0.020$ L　よって，$x = 0.20$ mol/L
答 0.20 mol/L

教科書 p.144 類題2　濃度未知の希硫酸 10 mL を過不足なく中和するのに，0.10 mol/L 水酸化ナトリウム水溶液 8.0 mL を要した。この希硫酸のモル濃度は何 mol/L か。

ポイント　過不足なく中和するとき，
（酸のモル濃度）×（酸の価数）×（酸の体積）
　　　＝（塩基のモル濃度）×（塩基の価数）×（塩基の体積）

解き方　求める希硫酸のモル濃度を x〔mol/L〕とおくと，中和の量的関係より，
$$x \text{〔mol/L〕} \times 2 \times \frac{10}{1000} \text{ L} = 1 \times 0.10 \text{ mol/L} \times \frac{8.0}{1000} \text{ L} \quad x = 0.040 \text{ mol/L}$$
答 4.0×10^{-2} mol/L

教科書 p.153 問7　次の塩を正塩，酸性塩，塩基性塩のどれかに分類せよ。
(1) 酢酸アンモニウム　(2) 炭酸ナトリウム　(3) 塩化水酸化バリウム

ポイント　化学式中に酸の H も塩基の OH も残っていない塩が正塩，
酸の H が残っている塩が酸性塩，
塩基の OH が残っている塩が塩基性塩。

解き方 (1) 酢酸アンモニウム CH_3COONH_4 は，酢酸 CH_3COOH の H^+ をアンモニウムイオン NH_4^+ で置き換えた塩であるから，正塩である。
(2) 炭酸ナトリウム Na_2CO_3 の化学式の中には，H も OH も残っていな

いから，正塩である。

(3)　塩化水酸化バリウム BaCl(OH)の中には OH が残っているから，塩基性塩である。

答(1)　**正塩**　　(2)　**正塩**　　(3)　**塩基性塩**

教科書 p.153 問 8　次の塩の水溶液は，酸性，中性，塩基性のどれを示すか。
(1)　KCl　　(2)　$CuCl_2$　　(3)　NH_4NO_3　　(4)　$(CH_3COO)_2Ca$

ポイント　**正塩の液性は，もとの酸ともとの塩基の液性から考える。**

解き方(1)　塩化カリウムは塩化水素 HCl(強酸)と水酸化カリウム KOH(強塩基)からなる正塩なので，水溶液は中性を示す。

(2)　塩化銅は塩化水素 HCl(強酸)と水酸化銅 $Cu(OH)_2$(弱塩基)からなる正塩なので，水溶液は酸性を示す。

(3)　硝酸アンモニウムは硝酸 HNO_3(強酸)とアンモニア NH_3(弱塩基)からなる正塩なので，水溶液は酸性を示す。

(4)　酢酸カルシウムは酢酸 CH_3COOH(弱酸)と水酸化カルシウム $Ca(OH)_2$(強塩基)からなる正塩なので，水溶液は塩基性を示す。

答(1)　**中性**　　(2)　**酸性**　　(3)　**酸性**　　(4)　**塩基性**

教科書 p.155 問 9　石灰石 $CaCO_3$ に塩酸 HCl を加えたときに起こる化学変化を説明せよ。

ポイント　**弱酸の塩に強酸を加えると，弱酸が遊離する。**

解き方　石灰石(炭酸カルシウム)は弱酸の塩，塩酸は強酸だから，石灰石に塩酸を加えると炭酸が遊離し，炭酸が分解して水と二酸化炭素が生じる。

答弱酸の遊離が起こって，弱酸である炭酸 H_2CO_3 と強酸の塩 $CaCl_2$ が生じる。反応式は，$CaCO_3 + 2HCl \longrightarrow H_2CO_3 + CaCl_2$ である。

しかし，炭酸は水溶液中にわずかにしか存在せず，水と二酸化炭素に分解され，$H_2CO_3 \longrightarrow H_2O + CO_2$ となる。

章末問題のガイド

教科書 p.158

❶ ブレンステッド・ローリーの酸・塩基の定義　　関連：教科書 p.134,135

次の各反応が右向きに進むとき，塩基として働いているものはどれか。それぞれ答えよ。

(1)　$HCO_3^- + H_3O^+ \rightleftharpoons CO_2 + 2H_2O$　　(2)　$HCO_3^- + OH^- \rightleftharpoons CO_3^{2-} + H_2O$

ポイント ブレンステッド・ローリーの定義

H^+ を与える物質が酸，H^+ を受け取る物質が塩基。

解き方 (1)　オキソニウムイオン H_3O^+ から炭酸水素イオン HCO_3^- へと H^+ が与えられた結果，H_2O と CO_2 が生じているので，H^+ を受け取る HCO_3^- が塩基として働いている。

(2)　OH^- は HCO_3^- から H^+ を受け取り H_2O を生じているため，塩基として働いている。

答 (1)　HCO_3^-　　(2)　OH^-

❷ 中和と水溶液の pH

関連：教科書 p.138〜144

0.15 mol/L 硫酸 H_2SO_4 100 mL と 0.10 mol/L 水酸化ナトリウム NaOH 水溶液 100 mL の混合溶液の水素イオン濃度と pH をそれぞれ求めよ。

ポイント 中和反応後の $[H^+]$ を求める。混合溶液の体積は 200 mL である。

解き方 0.15 mol/L の硫酸 100 mL から生じる H^+ の物質量は，

$$2 \times 0.15 \text{ mol/L} \times \frac{100}{1000} \text{ L} = 3.0 \times 10^{-2} \text{ mol}$$

0.10 mol/L の水酸化ナトリウム水溶液から生じる OH^- の物質量は，

$$1 \times 0.10 \text{ mol/L} \times \frac{100}{1000} \text{ L} = 1.0 \times 10^{-2} \text{ mol}$$

中和反応では H^+ と OH^- が 1.0×10^{-2} mol ずつ反応し，反応後の混合溶液 200 mL には H^+ が 2.0×10^{-2} mol 残る。よって，求める水素イオン濃度は，$[H^+] = \dfrac{2.0 \times 10^{-2} \text{ mol}}{\dfrac{200}{1000} \text{ L}} = 1.0 \times 10^{-1} \text{ mol/L}$

よって pH は 1

答 水素イオン濃度：$1.0×10^{-1}$ mol/L　pH 1

---

❸ 食酢の中和滴定　　　　　関連：教科書 p.143〜149

　食酢を 5 倍にうすめた水溶液 10 mL を 0.15 mol/L 水酸化ナトリウム NaOH 水溶液で中和滴定すると，9.6 mL を要した。液体はすべて密度を 1.0 g/mL として，次の各問いに答えよ。

(1)　食酢をうすめた水溶液 10 mL をはかり取るのに適した器具名を答えよ。

(2)　水酸化ナトリウム水溶液を滴下するのに適した器具名を答えよ。

(3)　食酢中の酸はすべて酢酸 CH₃COOH とすると，もとの食酢中の酢酸のモル濃度は何 mol/L か。

(4)　もとの食酢に含まれる酢酸の質量パーセント濃度は何%か。

ポイント　**体積の比と物質量の比は一致する。**

解き方　(1)　液体を 10 mL などの定まった体積で正確にはかり取るのに適した器具はホールピペットである。

(2)　中和滴定で溶液を滴下するのに用いる器具はビュレットである。中和滴定に用いる器具の名称，用法，洗い方は頻出なので確認しよう。

(3)　食酢を 5 倍にうすめた水溶液中の酢酸のモル濃度を x〔mol/L〕とすると，

$$x〔\text{mol/L}〕×10 \text{ mL}=0.15 \text{ mol/L}×\frac{9.6}{1000} \text{ L}$$

$$x=0.144 \text{ mol/L}$$

もとの食酢における酢酸のモル濃度はうすめた水溶液のモル濃度 x〔mol/L〕の 5 倍だから，

　　$0.144 \text{ mol}×5=0.72 \text{ mol/L}$

(4)　食酢 1 L について考える。食酢の密度が 1.0 g/mL なので，全体の重さは 1000 g となる。また，(3)より食酢 1 L に含まれる酢酸は 0.72 mol である。酢酸のモル質量は 60 g なので，酢酸 0.72 mol の質量は 43.2 g。よって，求める質量パーセント濃度は以下のようになる。

　　$\dfrac{43.2 \text{ g}}{1000 \text{ g}}×100=4.32（\%）$

有効数字は 2 桁なので，答えは 4.3%となる。

答 (1)　**ホールピペット**　　(2)　**ビュレット**　　(3)　**0.72 mol/L**　　(4)　**4.3%**

❹ 逆滴定 関連：教科書 p.144

　二酸化炭素 CO_2 は水酸化バリウム $Ba(OH)_2$ と反応すると炭酸バリウム $BaCO_3$ の白色沈殿を生じる。ある量の二酸化炭素を 0.050 mol/L の水酸化バリウム水溶液 100 mL に完全に吸収させた。

　生じた沈殿を取り除き，未反応の水酸化バリウムを 0.50 mol/L の塩酸で滴定すると 16.0 mL を要した。吸収させた二酸化炭素の物質量は何 mol か。

ポイント 　逆滴定における量的関係を考える。

解き方 　はじめの水酸化バリウムの物質量は，

$$0.050 \text{ mol/L} \times \frac{100}{1000} \text{ L} = 5.0 \times 10^{-3} \text{ mol}$$

　　　　未反応の水酸化バリウムの物質量を x〔mol〕とすると，中和の量的関係より，

$$2 \times x \text{〔mol〕} = 0.50 \text{ mol/L} \times \frac{16.0}{1000} \text{ L}$$

$$x \text{〔mol〕} = 4.0 \times 10^{-3} \text{ mol}$$

　　　　吸収させた二酸化炭素の物質量は，反応した水酸化バリウムの物質量と等しいから，

$$5.0 \times 10^{-3} \text{ mol} - 4.0 \times 10^{-3} \text{ mol} = 1.0 \times 10^{-3} \text{ mol}$$

答 1.0×10^{-3} **mol**

❺ 塩の水溶液の性質 関連：教科書 p.152,153

　次の塩の組成式を示し，それぞれの水溶液が弱酸性・中性・弱塩基性のどれを示すか答えよ。

(1) 硝酸鉄(Ⅲ)　　　　　　　　　(2) 塩化バリウム
(3) シュウ酸ナトリウム

ポイント 　組成式に H も OH も残っていない塩を正塩と呼び，その水溶液の液性はもとの酸・塩基の強弱の組み合わせにより決まる。

解き方 　(1)　組成式は $Fe(NO_3)_3$ であり，正塩である。もとの塩基は $Fe(OH)_3$ で弱塩基，もとの酸は硝酸 HNO_3 で強酸であるため，硝酸鉄(Ⅲ)の水溶液は弱酸性になる。

　　　　(2)　組成式は $BaCl_2$ であり，正塩である。もとの塩基は水酸化バリウム

Ba(OH)$_2$ で強塩基，もとの酸は塩酸 HCl で強酸であるため，塩化バリウムの水溶液は中性になる。

(3)　組成式は (COONa)$_2$ であり，正塩である。もとの塩基は水酸化ナトリウム NaOH で強塩基，もとの酸はシュウ酸 (COOH)$_2$ で弱酸であるため，シュウ酸ナトリウムの水溶液は弱塩基性になる。

答 (1)　Fe(NO$_3$)$_3$, 弱酸性　　(2)　BaCl$_2$, 中性

(3)　(COONa)$_2$, 弱塩基性

---

❻ 強酸と弱酸の希釈と pH の変化　　　　関連：教科書 p.136〜151

0.1 mol/L 塩酸 HCl と 0.1 mol/L 酢酸 CH$_3$COOH をそれぞれ純水でうすめていったとき，うすめた割合に対して，pH の変化が小さい酸はどちらか。理由も含めて 100 字程度で答えよ。

ポイント 酸や塩基の水溶液をうすめると，pH 値は 7 に近づくが，超えることはない。

解き方 塩酸は 1 価の強酸であり，酢酸は 1 価の弱酸である。すなわち，塩酸の電離度は，酢酸の電離度よりも大きい。塩酸の電離度は水溶液の濃度によらずほぼ 1 だから，濃度 0.1 mol/L のときの水素イオン濃度 [H$^+$]，pH を求めると，

$[H^+]=1.0×0.1\,mol/L×1=1.0×10^{-1}\,mol/L$　よって pH は 1

塩酸を 10 倍にうすめて，濃度が 0.01 mol/L になると，

$[H^+]=1.0×0.01\,mol/L×1=1.0×10^{-2}\,mol/L$　よって pH は 2

以上のように，水溶液を 10 倍にうすめると，pH 7 に近づくまでは，pH は 1 ずつ大きくなる。その一方，酢酸の電離度は，濃度が小さくなるほど大きくなる。このため，10 倍にうすめても，[H$^+$] は $\frac{1}{10}$ にはならず，それよりも大きな値をとるため，pH の変化は 1 よりも小さい。したがって，酢酸ではうすくなるほど pH の変化が小さくなる。

答 pH の変化が小さい酸…酢酸
理由…塩酸は強酸なので塩化水素分子がほぼすべて電離しており，うすめても電離度は変化せずに水素イオン濃度が小さくなる。一方，酢酸は弱酸であり，うすめると電離度が大きくなるのでその分だけ水素イオン濃度が大きくなり，pH の変化が小さくなる。(114 文字)

❼ 強酸と弱酸の pH と中和の量的関係　　関連：教科書 **p.136〜144**

　同じ体積で，pH がどちらも 3 の塩酸 HCl と酢酸 CH₃COOH を水酸化ナトリウム NaOH 水溶液で中和するとき，水酸化ナトリウム水溶液はどちらが多く必要か。理由も含めて 110 字程度で答えよ。

ポイント　**中和滴定には，電離度は影響しない。**

解き方　塩酸と酢酸はともに 1 価の酸である。塩酸は電離度が大きい強酸であり，酢酸は電離度が小さい弱酸である。また，水素イオン濃度と pH については以下のような関係が成り立つ。

　　$[H^+]＝$価数×モル濃度×電離度

　　$[H^+]＝1.0×10^{-x}$ のとき $pH＝x$

　以上のことより，塩酸と酢酸について，pH が等しいならば，電離度が大きい塩酸のほうが，酢酸よりもモル濃度は小さい。

　中和反応においては，電離度が大きい塩酸だけでなく，酢酸についても中和の反応が進むに従って，電離していなかった酢酸分子が次々に電離して中和される。このことにより，電離度とは無関係に以下のような関係が成り立つ。

　　酸の価数×酸のモル濃度〔mol/L〕×酸の体積〔L〕

　　　　　＝塩基の価数×塩基のモル濃度〔mol/L〕×塩基の体積〔L〕

　すなわち，中和に必要な水酸化ナトリウム水溶液の体積は酸のモル濃度に比例して多くなる。つまり，同じ pH の塩酸と酢酸であれば，そのときモル濃度が大きい酢酸のほうが，過不足なく中和が終了するまでに必要な水酸化ナトリウム水溶液の体積は大きい。

　以上のことをまとめて，pH が同じであれば，酢酸水溶液のほうが水酸化ナトリウム水溶液を多く必要とすることを説明すればよい。

答　多く必要な水溶液…酢酸水溶液

　理由 … pH が 3 のとき，水溶液の水素イオン濃度はともに $1.0×10^{-3}$ mol/L である。しかし，塩酸は 1 価の強酸で酢酸は 1 価の弱酸なので，もとの酸の水溶液の濃度は電離度が小さい酢酸のほうが大きい。したがって，中和に必要な水酸化ナトリウム水溶液は，酢酸水溶液のほうが多い。（117 文字）

思考力を鍛えるのガイド

1 中和滴定と物質量

関連：教科書p.143〜149

$0.10\ mol/L$ の塩酸 HCl 10 mL に $0.10\ mol/L$ の水酸化ナトリウム NaOH 水溶液を滴下すると，この混合水溶液中に存在する各イオンのモル濃度はそれぞれ右図のように変化する。曲線 a と c のイオンの化学式をそれぞれ答えよ。

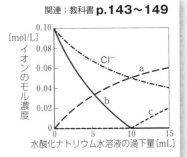

ポイント 沈殿しない塩は水溶液中で電離して存在している。

解き方 塩酸 HCl と水酸化ナトリウム NaOH は，水溶液中ではそれぞれ次のように電離する。

$$HCl \longrightarrow H^+ + Cl^-　　NaOH \longrightarrow Na^+ + OH^-$$

４つのイオンのうち，Cl^- は水酸化ナトリウム水溶液を滴下する過程で水溶液中に，常に次の物質量だけ存在する。

$$0.10\ mol/L \times \frac{10}{1000}\ L = 0.0010\ mol$$

水酸化ナトリウム水溶液を滴下すると，溶液全体の体積が増加するため，Cl^- のモル濃度は問題の図のように減少する。

a，b，c が表すイオンの候補は H^+，OH^-，Na^+ である。b は水酸化ナトリウム水溶液が滴下されていない状態の塩酸中に存在するため，H^+ のモル濃度を表すと考えられる。

モル濃度が等しい塩酸と水酸化ナトリウム水溶液の中和の反応式は

$$HCl + NaOH \longrightarrow H_2O + NaCl$$
（NaCl は水溶液中で Na^+ と Cl^- の形で存在）

よって，はじめから増加を続けている a は Na^+ のモル濃度を表し，c は中和点までは塩酸から生じた H^+ と化合していたためモル濃度が 0 であった OH^- だと考えられる。$0.10\ mol/L$ の塩酸 10 mL を過不足なく中和するのに必要な水酸化ナトリウム水溶液は 10 mL であり，この点から c のモル濃度が増加し始めることも，c が OH^- を表すことを示す。

答 a：Na^+　　c：OH^-

思
考
力
を
鍛
え
る
の
ガ
イ
ド
　
第
2
章

2 滴定曲線

関連：教科書 p.150,151

　1価の酸の 0.2 mol/L 水溶液 10 mL を，ある塩基の水溶液で中和滴定した。塩基の水溶液の滴下量と pH の関係を右図に示す。この滴定に関する下の記述①〜④から正しいものを1つ選べ。

① この1価の酸は強酸である。

② 中和点における水溶液の pH は7である。

③ この滴定の指示薬はメチルオレンジを用いる。

④ この滴定に用いた塩基の水溶液を用いて，0.1 mol/L の硫酸 10 mL を中和滴定すると，中和に要する滴下量は 20 mL である。

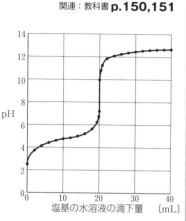

塩基の水溶液の滴下量　〔mL〕

ポイント **pH ジャンプが起きている点に着目して考える。**

解き方

① pH ジャンプが起きている点では，pH はおよそ7から10に変化しており，これは7より上に偏っているため，この中和滴定では弱酸と強塩基が使われたと考えられる。よって，誤り。

② 中和点は pH ジャンプの範囲の中央に位置する。図より，中和点における pH は 8〜9 の辺りであるため，誤り。

③ メチルオレンジの変色域は pH 3.1〜4.4 であり，この滴定では中和点前後で色が変化しないため不適。よって，誤り。なお，この滴定では中和点が pH 8〜9 だから，フェノールフタレインを用いるのが適当。

④ 硫酸は2価の酸であるため，0.1 mol/L の硫酸 10 mL 中に生じる H^+ の物質量と，1価の酸の 0.2 mol/L 水溶液 10 mL 中に生じる H^+ の物質量は次のように等しくなる。

$$2 \times 0.1 \, \text{mol/L} \times \frac{10}{1000} \, \text{L} = 2.0 \times 10^{-3} \, \text{mol}$$

$$1 \times 0.2 \, \text{mol/L} \times \frac{10}{1000} \, \text{L} = 2.0 \times 10^{-3} \, \text{mol}$$

　図より，この滴定では，用いた塩基の水溶液 20 mL に含まれる OH^- の物質量は，1価の酸の 0.2 mol/L 水溶液 10 mL 中に生じる H^+ の物質量と等しいので，④は正しい。

答 ④

3 中和滴定

関連：教科書 **p.143〜149**

0.050 mol/L のシュウ酸 $H_2C_2O_4$ 水溶液 10 mL を，（　①　）を用いてコニカルビーカーにはかり取り，フェノールフタレイン溶液を 1, 2 滴加える。水酸化ナトリウム NaOH 水溶液を（　②　）に入れ，活栓の下の空気を追い出した後，目盛 v_1 を読む。水溶液を少しずつ滴下し振り混ぜ，溶液がわずかに赤くなり，振り混ぜても色が消えなくなれば，滴定後の目盛 v_2 を読む。

(1) ①，②に入る適切な器具の名称を答えよ。

(2) 右表の実験結果より，水酸化ナトリウム水溶液の濃度を有効数字 2 桁で求めよ。

注 誤差が大きいと考えられる回は除外すること

実験回数	1回目	2回目	3回目	4回目	5回目
はじめ v_1[mL]	0.85	10.90	1.33	10.87	2.15
滴定後 v_2[mL]	10.90	20.42	10.89	20.41	11.70

ポイント 5回の結果から得られた値を平均して考える。外れ値に注意。

解き方 (1)① 10 mL という一定の体積の溶液を正確にはかり取る操作にはホールピペットを用いる。

② 滴下した水酸化ナトリウム水溶液の体積をはかるのが目的だからビュレットを用いる。なお，ホールピペットもビュレットも正確な濃度に調製した水溶液の体積をはかる器具なので，どちらも使用する溶液で器具内部を共洗いして使う。

(2) 各回の滴定における滴下量，すなわち中和に要した水酸化ナトリウム水溶液の体積は $v_2 - v_1$(mL) である。ここで，1〜5 回目のそれぞれの $v_2 - v_1$(mL) を求めると，

1 回目…10.90 mL － 0.85 mL ＝ 10.05 mL

2 回目…20.42 mL － 10.90 mL ＝ 9.52 mL

3 回目…10.89 mL － 1.33 mL ＝ 9.56 mL

4 回目…20.41 mL － 10.87 mL ＝ 9.54 mL

5 回目…11.70 mL － 2.15 mL ＝ 9.55 mL

ここで，1 回目の $v_2 - v_1 = 10.05$ mL は，外れ値として除外して，2〜5 回目の値の平均を求めると，

$$\frac{9.52 \text{ mL} + 9.56 \text{ mL} + 9.54 \text{ mL} + 9.55 \text{ mL}}{4} = 9.5425 \text{ mL}$$

実験で得られる数量は，適正な操作で行っても，さまざまな理由から誤差が生じることがある。このため，複数回の試行から平均値を求める。

　　　ただし，１回目のようにほかの回に比べて極端に異なる値となった場合は，操作や目盛の読み取りなどにおいて，何らかの問題が生じていた可能性が高い。

　　　このような値を「外れ値」とよび，外れ値も含めて単純に平均すると，その影響によって平均値が，適切な値ではなくなる。たとえば，今回のデータについて，１〜５回の平均を求めると，

$$\frac{10.05\ \text{mL}+9.52\ \text{mL}+9.56\ \text{mL}+9.54\ \text{mL}+9.55\ \text{mL}}{5}=9.644\ \text{mL}$$

　　　小数第２位までの測定値の平均だから計算値を四捨五入すると，２〜５回目の平均が 9.54 mL であるのに対して，１〜５回の単純な平均は 9.64 mL になる。

　　　２〜５回目までのデータの最小と最大のデータの範囲が，9.52 から 9.56 までであるのに対して，１回目の値を含めたことで，単純に求めた１〜５回目までの平均値 9.64 mL は２〜５回目の範囲を大きくはみ出すことになる。このため，平均値は外れ値を除外した 9.54 mL を用いる。計算上は１回目の結果を用いていないが，この値が，５回の結果から得られた値を判断して求めた平均値である。

　　　ここで，シュウ酸 $H_2C_2O_4$ を $(COOH)_2$ と表すと，水酸化ナトリウムとの中和反応式は次のようになる。

　　　　$(COOH)_2 + 2NaOH \longrightarrow (COONa)_2 + 2H_2O$

　　　したがって，求める水酸化ナトリウム水溶液のモル濃度を x〔mol/L〕とおくと，中和の量的関係より，

　　　　$2 \times 0.050\ \text{mol/L} \times 10\ \text{mL} = 1 \times x\ \text{〔mol/L〕} \times 9.54\ \text{mL}$

　　　　$x\text{〔mol/L〕} = 0.1048\cdots\ \text{mol/L}$

有効数字２桁なので，答えは 0.10 mol/L となる。

🔲 (1)① 　ホールピペット

　　② 　ビュレット

　(2)　**0.10 mol/L**

▇4 滴定曲線　　　　　　　　　　　　　　　　関連：教科書 p.138〜151

　0.050 mol/L の希硫酸 H_2SO_4 10.0 mL を 0.10 mol/L の水酸化ナトリウム NaOH 水溶液で中和滴定を行った。希硫酸，水酸化ナトリウム水溶液の電離度を 1.0 とする。

(1)　水酸化ナトリウム水溶液を滴下する前の pH はいくらか。

(2)　水酸化ナトリウム水溶液の滴下量が 8.2 mL のときの pH はいくらか。

(3)　①(ア)にあてはまる値を求めよ。

　　②右表をもとに，滴定曲線をつくれ。

滴下量〔mL〕	9.8	(ア)	10.2	15.0	20.0
pH	3.0	7.0	11.0	12.3	12.5

ポイント　　水素イオン濃度と液中の H⁺ の物質量を区別する。

解き方　(1)　硫酸の価数は 2 なので，0.050 mol/L の希硫酸の[H⁺]は，

$$[H^+]=2\times0.050\ \text{mol/L}\times1.0=1.0\times10^{-1}\ \text{mol/L}\quad\text{よって pH は 1}$$

(2)　この水酸化ナトリウム水溶液 8.2 mL に含まれる OH⁻ の物質量は，

$$1\times0.10\ \text{mol/L}\times\frac{8.2}{1000}\ \text{L}=8.2\times10^{-4}\ \text{mol}$$

よって，水酸化ナトリウム水溶液の滴下量が 8.2 mL のとき，未反応の水素イオンの物質量は，

$$2\times0.050\ \text{mol/L}\times\frac{10.0}{1000}\ \text{L}-8.2\times10^{-4}\ \text{mol}=1.8\times10^{-4}\ \text{mol}$$

このとき，滴下後の溶液の体積は 18.2 mL なので，水素イオン濃度は，

$$[H^+]=\frac{1.8\times10^{-4}\ \text{mol}}{1.82\times10^{-2}\ \text{L}}≒1.0\times10^{-2}\ \text{mol/L}$$

よって，この溶液の pH は約 2 となる。

(3)①　強酸と強塩基の中和だから，pH 7.0 となるのは中和点である。よって，(ア)を x〔mL〕とすると，中和の量的関係から，

$$2\times0.050\ \text{mol/L}\times\frac{10.0}{1000}\ \text{L}=1\times0.10\ \text{mol/L}\times\frac{x}{1000}\ \text{L}$$

これを解いて，x〔mL〕$=10$ mL

答　(1)　**pH 1**

　　(2)　**pH 2**

　　(3)①　**10**

　　　②　**右図**

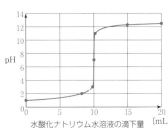

水酸化ナトリウム水溶液の滴下量〔mL〕

第3章 酸化還元反応

教科書の整理

第1節 酸化と還元

教科書 p.160〜164

A 酸化と還元の定義

❶ 酸素の授受による定義 　酸化では物質が酸素 O_2 と結びつく変化が起こり，**還元**では物質が酸素原子を失う変化が起こる。酸化が起きた物質は酸化されたといい，還元が起きた物質は還元されたという。

(例)酸化銅(Ⅱ)CuO と水素 H_2 の反応

$$\underset{\text{還元される}}{\underbrace{\overset{\overbrace{\quad\text{酸化される}\quad}}{CuO\ +\ H_2\ \longrightarrow\ Cu\ +\ H_2O}}}$$

重要語句
酸化
還元
酸化還元反応

❷ 水素の授受による定義 　酸化では物質が水素原子を失う変化が起こり，還元では物質が水素原子を受け取る変化が起こる。

(例)ヨウ素 I_2 溶液と硫化水素 H_2S の反応

$$\underset{\text{還元される}}{\underbrace{\overset{\overbrace{\text{酸化される}}}{H_2S\ +\ I_2\ \longrightarrow\ S\ +\ 2HI}}}$$

⚠ ここに注意
酸化還元反応では，物質の変化を「酸化された」「還元された」のように受身形で表現する。

❸ 電子の授受による定義 　酸化では原子(または物質)が電子 e^- を失う反応が起こり，還元では原子(または物質)が電子 e^- を受け取る反応が起こる。酸素原子や水素原子が直接関係していない反応についても，このように酸化と還元を考えることができる。

(例)銅 Cu と酸素 O_2 の反応

$$2Cu \longrightarrow 2Cu^{2+} + 4e^- \quad \text{(酸化される)}$$

$$O_2 + 4e^- \longrightarrow 2O^{2-} \quad \text{(還元される)}$$

$$\underline{\qquad\qquad\qquad\qquad\qquad\qquad\qquad}$$

$$2Cu + O_2 \longrightarrow 2CuO$$
$$\text{酸化された　還元された}$$

❹ 酸化還元反応 　酸化と還元は常に同時に起こるため，酸化と還元の両方をまとめて酸化還元反応という。

B 酸化数

① 酸化数　物質やイオンがどの程度酸化・還元されているか
を判断するための指標。

・酸化数は１つの原子について表し，整数の値にする。

(例)H_2O 全体の酸化数は表せないが，H 原子や O 原子の酸
化数は表せる。

・酸化数は，必ず＋や－の符号をつける(０の場合を除く)。

② 酸化数の決め方

・単体中の原子の酸化数は０とする。

(例)水素 H_2…H の酸化数は０　　銅 Cu…Cu の酸化数は０

・単原子イオンの酸化数は，そのイオンの電荷に等しい。

(例)銅(Ⅱ)イオン Cu^{2+}…Cu の酸化数は ＋2

塩化物イオン Cl^-…Cl の酸化数は －1

・電気的に中性の化合物中の水素原子 H の酸化数を ＋1，酸
素原子 O の酸化数を －2 とし，化合物中の原子の酸化数の
総和は０とする。

(例)アンモニア NH_3 中の N の酸化数を x とおくと，

$$x×1+(+1)×3=0 \qquad x=-3$$

・多原子イオン中の原子の酸化数の総和は，そのイオンの電荷
に等しい。

(例)硫酸イオン SO_4^{2-} 中の S の酸化数を x とおくと，

$$x×1+(-2)×4=-2 \qquad x=+6$$

もっと詳しく

酸化銅(Ⅱ)の
(Ⅱ)は，酸化
数を表してい
る。

ここに注意

過酸化水素
H_2O_2 のよう
な過酸化物で
は，酸素原子
O の酸化数
は －1 とする。
金属の水素化
物(水素化ナ
トリウム
NaH など)で
は，水素原子
H の酸化数
は －1 とする。

テストに出る

イオンからなる物質の酸化数は，各イオンに分けてから求めるとよい。

(例)過マンガン酸カリウム $KMnO_4$

$KMnO_4$ は K^+ と MnO_4^- からなるので，K の酸化数は ＋1 である。また，Mn の
酸化数を x とおくと，

$$x×1+(-2)×4=-1 \qquad x=+7$$

③ 酸化・還元と酸化数　化学変化の前後で酸化数が増加した
とき，その原子は酸化されている。酸化数が減少したとき，
その原子は還元されている。酸化還元反応における酸化数の
変化において，増加した酸化数の総和と減少した酸化数の総
和は等しくなる。

（例）酸素 O_2 と銅 Cu の反応

2つの銅原子 Cu の酸化数の増加分　：$+2 \times 2 = +4$

1つの酸素分子 O_2 の酸化数の減少分：$-2 \times 2 = -4$

第❷節　酸化剤と還元剤

教科書 **p.165〜175**

A 酸化剤と還元剤

❶ 酸化剤・還元剤

酸化剤　酸化還元反応において**相手を酸化する物質**。このとき酸化剤は還元されている。

還元剤　酸化還元反応において**相手を還元する物質**。このとき還元剤は酸化されている。

❷ 酸化剤・還元剤の働きと反応式
酸化還元反応での電子の授受は，イオン反応式（半反応式）で表される。

> 教科書 **p.167** 📎参考　**酸化剤・還元剤の働きを示すイオン反応式のつくり方**
>
> 酸化剤・還元剤は，次の手順でイオン反応式（半反応式）をつくることができる。変化後の物質は覚えておくとよい。
> 1 授受された電子を書く。
> 2 酸素原子に注目し，酸素原子 O の数を水 H_2O で合わせる。また水素原子 H の数を水素イオン H^+ で合わせる。
> 3 両辺の電荷がそろっていることを確認する。

B 酸化還元反応の反応式のつくり方
イオン反応式（半反応式）で授受される電子の数は等しくなる。

●酸化還元反応の化学反応式のつくり方

①酸化剤と還元剤の半反応式をつくる。

②授受する電子の数を等しくするために，半反応式を整数倍する。

③左辺（反応物）に注目して，省略されていたイオンを加える。

④右辺を整える。

重要語句

酸化剤

還元剤

🔍もっと詳しく

酸化剤は自身が還元されるので，酸化剤をつくる原子の酸化数は減少，還元剤は自身が酸化されるので，還元剤をつくる原子の酸化数は増加する。

⚠️ここに注意

半反応式には，反応に関与しない陽イオンや陰イオンは示さない。

I. **過酸化水素が酸化剤として働く例：ヨウ化カリウムとの反応**

・H_2O_2 の酸化剤としての働き：硫酸酸性のヨウ化カリウム KI 水溶液に過酸化水素水を加えると，H_2O_2 が酸化剤，KI が還元剤として働く。

$$\text{酸化剤}\quad H_2O_2 + 2H^+ + 2e^- \longrightarrow 2H_2O \quad \cdots ①$$
$$\text{還元剤}\quad 2I^- \longrightarrow I_2 + 2e^- \qquad\qquad \cdots ②$$

①＋②より，$H_2O_2 + 2H^+ + 2I^- \longrightarrow 2H_2O + I_2$

省略していた SO_4^{2-}，$2K^+$ を両辺に加えて，

$$H_2O_2 + 2KI + H_2SO_4 \longrightarrow I_2 + 2H_2O + K_2SO_4$$

II. **過酸化水素が還元剤として働く例：過マンガン酸カリウムとの反応**　過酸化水素はふつう酸化剤として働くが，強い酸化剤（過マンガン酸カリウムや二クロム酸カリウムなど）と反応するときには，還元剤として働く。

・H_2O_2 の還元剤としての働き：硫酸酸性の過マンガン酸カリウム $KMnO_4$ 水溶液に過酸化水素水を加えると，H_2O_2 が還元剤，$KMnO_4$ が酸化剤として働く。

$$\text{酸化剤}\quad MnO_4^- + 8H^+ + 5e^- \longrightarrow Mn^{2+} + 4H_2O \quad \cdots ③$$
$$\text{還元剤}\quad H_2O_2 \longrightarrow O_2 + 2H^+ + 2e^- \qquad\qquad \cdots ④$$

③×2＋④×5 より，

$$2MnO_4^- + 5H_2O_2 + 6H^+ \longrightarrow 5O_2 + 2Mn^{2+} + 8H_2O$$

省略していた $2K^+$ と $3SO_4^{2-}$ を両辺に加えて，

$2KMnO_4 + 5H_2O_2 + 3H_2SO_4$
$$\longrightarrow 5O_2 + 2MnSO_4 + 8H_2O + K_2SO_4$$

C 酸化剤・還元剤の強さ

●**ハロゲンの単体の酸化作用**　ハロゲンの単体は，相手の物質から電子を受け取って陰イオンになりやすいため，酸化作用を示す。原子番号が小さいほど，酸化作用が強くなる。

（強）$F_2 > Cl_2 > Br_2 > I_2$（弱）

●**ハロゲン化物イオンの還元作用**　ハロゲン化物イオンの還元作用の強さの順序は，（強）$I^- > Br^- > Cl^- > F^-$（弱）

酸化剤は相手より還元されやすい（電子を受け取りやすい）物質，還元剤は相手より酸化されやすい（電子を与えやすい）物質である。

教科書の整理　第3章

⚠ここに注意
物質が酸化剤か還元剤のどちらとして働くかは，反応する相手の物質による。

教科書の整理 第3章

p.171 参考 共有結合でできた分子中の原子の酸化数

共有結合でできた分子は、イオン結合の物質と同じように酸化数を定義する。

p.172 参考 主な原子の酸化数の変化

原子の酸化数はいくつかの値をとる。酸化数の大きいものほど酸化の度合いが高く、電子を受け取りやすい。

D 酸化剤と還元剤の量的関係

●**酸化還元反応の量的関係** 酸化剤と還元剤が過不足なく反応するとき、次の関係が成り立つ。

■ **重要公式**

酸化剤が受け取る電子 e^- の物質量＝還元剤が失う電子 e^- の物質量

●**酸化還元滴定** 酸化還元反応の量的関係を利用して、濃度がわからない酸化剤（または還元剤）の溶液の濃度を、還元剤（または酸化剤）の濃度から求める操作。

重要語句
酸化還元滴定

・酸化還元滴定に用いる器具や操作方法は、基本的には中和滴定と同じである。

・酸化還元滴定では、滴定の対象である酸化剤や還元剤の色の変化によって、反応の終点を知ることが多い。

（例）硫酸酸性の条件下で、過酸化水素 H_2O_2 水に過マンガン酸カリウム $KMnO_4$ 水溶液を滴下する場合、容器内に H_2O_2 が残っていれば MnO_4^-（赤紫色）は Mn^{2+}（無色）に変化し、赤紫色が消えて無色になる。H_2O_2 がなくなると MnO_4^- の赤紫色が消えなくなる。したがって、容器をかき混ぜても赤紫色が消えなくなったときを、反応の終点と判定する。

⚠ ここに注意
Mn^{2+} は結晶中や濃い水溶液中では淡赤色だが、うすい水溶液中ではほぼ無色である。

重要語句
ヨウ素滴定

p.174 参考 ヨウ素滴定

ヨウ素やヨウ化物イオンを利用した酸化還元滴定を**ヨウ素滴定**といい、オゾンなどの定量に用いられる。指示薬にはデンプン水溶液が用いられ、**ヨウ素デンプン反応**（デンプン水溶液がヨウ素により青紫色を示す）を利用して、滴定の終点を判定する。

教科書 p.175 **参考** **COD（化学的酸素要求量）**

　COD（化学的酸素要求量）は湖沼や海，河川の水質汚染の程度を表す指標である。これは，試料水に酸化剤の過マンガン酸カリウム $KMnO_4$ を加えて有機化合物を酸化分解するときに，必要となる酸化剤の量によって測定している。CODが5 mg/L以上の湖沼では水質汚濁が進んでいるといわれている。

第**3**節 金属の酸化還元反応　教科書 p.176〜179

A 金属のイオン化傾向

❶ **金属の反応性**　マグネシウム Mg，亜鉛 Zn，鉄 Fe などは，塩酸に浸すと水素を発生しながら溶ける。→水素よりも陽イオンになりやすい。　$Zn + 2H^+ \longrightarrow Zn^{2+} + H_2$

一方，銅 Cu や銀 Ag などは，塩酸と反応しない。→水素よりも陽イオンになりにくい。

❷ **イオン化傾向**　金属が水溶液中で電子を失って陽イオンになろうとする性質。イオン化傾向は，金属の種類によって異なる。

> **重要語句**
> 金属のイオン化傾向

❸ **金属単体と金属イオンの反応**　ある金属Aのほうが金属Bよりイオン化傾向が大きい場合，金属Aの単体と金属Bのイオンが反応して，金属Aのイオンと金属Bの単体ができる。

(例)硝酸銀水溶液と銅の反応：硝酸銀 $AgNO_3$ 水溶液に銅を入れると，銅が溶け出し，銀が析出する（銀樹生成）。

　　$Cu + 2Ag^+ \longrightarrow Cu^{2+} + 2Ag$

　　$(Cu \longrightarrow Cu^{2+} + 2e^-, \ 2Ag^+ + 2e^- \longrightarrow 2Ag)$

銀よりも銅のほうが陽イオンになりやすいことを示す。

> **もっと詳しく**
> 金属の表面に析出した樹枝状の金属の結晶を，金属樹という。

❹ **イオン化列**　おもな金属と水素の単体について，イオン化傾向の大きい順に並べたもの。

イオン化傾向が大きいほど反応性が高く，陽イオンになりやすい。

> **重要語句**
> 金属のイオン化列

Li K Ca Na Mg Al Zn Fe Ni Sn Pb H₂ Cu Hg Ag Pt Au

大　　　　　　イオン化傾向　　　　　　小

B 金属の反応

❶ 金属と水との反応

〔イオン化傾向〕

大
・Li，K，Ca，Na の単体：常温で水と激しく反応し，水素を発生。
・Mg：熱水と反応して水素を発生。
・Al，Zn，Fe：高温の水蒸気と反応する。
・Ni やそれよりもイオン化傾向の小さい金属の単体：
小　水とは反応しない。

❷ 金属と酸との反応

・水素よりもイオン化傾向が大きい金属：希硫酸や塩酸と反応し，水素を発生する。

・水素よりもイオン化傾向が小さい金属：希硫酸や塩酸と反応しないが，酸化力の強い，硝酸や熱濃硫酸と反応して溶ける。
　また，イオン化傾向の小さい白金 Pt や金 Au は酸化力が非常に強い王水とは反応する。

不動態　Al，Fe，Ni は，濃硝酸に浸すと表面に緻密な酸化物の被膜を生じ，溶けない。このような状態を不動態という。

❸ 金属と空気との反応

〔イオン化傾向〕

大
・Ca や Na：乾燥した空気中で速やかに酸化される。
・Mg や Al：乾燥空気中で加熱すると徐々に酸化される。
・Fe や Cu：乾燥空気中で加熱しても酸化されにくく，強熱すると酸化される。
小
・Ag や Pt，Au：湿った空気中でも酸化されにくい。

⚠ ここに注意
イオン化傾向が大きい金属の単体は，強い還元剤として働く。

⇕

⚠ ここに注意
イオン化傾向が小さい金属の単体は，還元作用が弱い。

👀 もっと詳しく
鉛 Pb は，希硫酸や塩酸に入れると，表面に難溶性の硫酸鉛(Ⅱ)や塩化鉛(Ⅱ)を生じ，それ以上反応が進行しない。

重要語句
不動態

第❹節 酸化還元反応の利用

教科書 p.180～195

A 電池

◻ 酸化還元反応と電池の構造

電池（化学電池）　酸化還元反応を利用し，化学エネルギーを電気エネルギーに変換する装置。

電池の原理　電解質の水溶液に2種類の金属を浸して導線で結ぶと，イオン化傾向の大きいほうの金属が陽イオンとなり電子を放出し，もう一方の金属に電子が流れ込み電流が流れる。

重要語句
電池

重要語句
負極
正極
起電力

正極と負極　電子が流れ出て酸化反応が起こる電極を**負極**，電子が流れ込んで還元反応が起こる電極を**正極**という。

電池の起電力　負極と正極の間の電位差(電圧)の最大値。

b 一次電池と二次電池

放電　電池から電流を取り出す操作。

充電　外部から電気エネルギーを強制的に与え，放電と逆向きの反応を起こして起電力を回復する操作。

一次電池　充電できない電池。

(例)マンガン乾電池，アルカリマンガン乾電池

二次電池(蓄電池)　充電できる電池。

(例)鉛蓄電池，リチウムイオン電池

c 電池の仕組みと反応

❶ **ダニエル電池**　硫酸亜鉛水溶液に亜鉛板を浸したものと，硫酸銅(II)水溶液に銅板を浸したものを，素焼き板で仕切った構造の電池。ダニエルが考案。起電力約 1.1 V。

　　負極　$Zn \longrightarrow Zn^{2+} + 2e^-$　　(酸化)

　　正極　$Cu^{2+} + 2e^- \longrightarrow Cu$　　(還元)

　　構成：$(-)Zn \mid ZnSO_4aq \mid CuSO_4aq \mid Cu(+)$

教科書 p.182 📎 **参考**　**ボルタ電池**

　　ボルタは，塩化ナトリウム水溶液に亜鉛板と銅板を浸して，亜鉛と銅の間に起電力が生じることを発見した。その後，電解質水溶液は希硫酸に代えられ，この電池を一般に**ボルタ電池**という。

　　負極　$Zn \longrightarrow Zn^{2+} + 2e^-$　　(酸化)

　　正極　$2H^+ + 2e^- \longrightarrow H_2$　　(還元)

ボルタ電池の構成：$(-)Zn \mid H_2SO_4aq \mid Cu(+)$

⚠️**ここに注意**
ボルタ電池は，放電をはじめるとすぐに電圧が低下する。

---

❷ **鉛蓄電池** 発展　自動車の電源などに使われる二次電池。起電力約 2.0 V。

構成(電池式)：$(-)Pb \mid H_2SO_4aq \mid PbO_2(+)$

負極　$Pb + SO_4^{2-} \longrightarrow PbSO_4 + 2e^-$　　　　　　　　　　(酸化)

正極　$PbO_2 + 4H^+ + SO_4^{2-} + 2e^- \longrightarrow PbSO_4 + 2H_2O$　(還元)

$$Pb + PbO_2 + 2H_2SO_4 \underset{充電}{\overset{放電}{\rightleftharpoons}} 2PbSO_4 + 2H_2O$$

重要語句
放電
充電
一次電池
二次電池

重要語句
ダニエル電池

👀**もっと詳しく**
ダニエル電池のような構造の電池では，2種の金属のイオン化傾向の差が大きいほど，起電力は大きくなる。

重要語句
鉛蓄電池

教科書の整理　第3章

❸ **燃料電池**　水素などの燃料と酸素を使って，負極で酸化反応，正極で還元反応を起こし，電流を取り出す装置。

$$2H_2 + O_2 \xrightarrow{\text{電気エネルギー}} 2H_2O$$

> **重要語句**
> 燃料電池

> **もっと詳しく**
> おもな燃料電池は，リン酸型燃料電池。

ｄ 様々な実用電池

❶ **実用一次電池**

アルカリマンガン乾電池…一般的な乾電池。

酸化銀電池(銀電池)…腕時計や電子体温計などに利用。

リチウム電池…腕時計や心臓ペースメーカーなどに利用。

空気亜鉛電池(空気電池)…ボタン形電池。補聴器に利用。

❷ **実用二次電池**　ニッケル水素電池…電動アシスト自転車などに利用されるほか，乾電池型の二次電池としても広く利用。

リチウムイオン電池…携帯電話などに利用。

> **もっと詳しく**
> 乾電池は，もち運びやすいように，電解質の水溶液をペースト状にした一次電池。

教科書 p.185　参考　化学電池と物理電池

　物理電池とは，化学電池のような化学反応によらず光エネルギーや熱エネルギーを直接電気エネルギーに変換する，太陽電池(光電池)などの電池。

B 金属の製錬

製錬　鉱石から金属単体を取り出す操作。酸化還元反応を利用。

❶ **鉄の製造**

銑鉄　溶鉱炉に鉄鉱石(主成分 Fe_2O_3 の赤鉄鉱など)，コークス C，石灰石を入れて熱風を吹き込むと，生じた一酸化炭素 CO が鉄の酸化物を還元し単体の鉄を生じる。この鉄を銑鉄という。銑鉄は炭素を含み，硬くてもろい。

鋼　融解した銑鉄を転炉に移し，酸素を吹き込むと，硬くてねばり強い鋼になる。

> **重要語句**
> 製錬
> 銑鉄
> 鋼

❷ **銅の製造**　黄銅鉱(主成分 $CuFeS_2$)をコークス C で還元し，不純物を含む粗銅(純度 99 % 程度)を得る。粗銅を電気分解して不純物を取り除き純銅を得る。

電解精錬　電気分解により金属の純度を高める操作。

> **重要語句**
> 電解精錬

❸ **アルミニウムの製造**　ボーキサイトを精製して得られる酸化アルミニウム(アルミナ)Al_2O_3 を，氷晶石 Na_3AlF_6 とともに融かして電解すると，単体のアルミニウムが得られる。

溶融塩電解　融解した塩を用いて電気分解する操作。

C 電気分解 《発展》

a 電気分解の仕組み

❶ 電気分解の原理　電解液や融解液に電極を入れ，外部から電圧をかけると各電極で酸化還元反応が起こる。これを電気分解（電解）という。負極につないだ電極（**陰極**）では還元反応，正極につないだ電極（**陽極**）では酸化反応が起こる。

❷ 両極で起こる電解反応

●**陰極での反応**　最も還元されやすい物質が電子を受け取る。

① Cu^{2+} や Ag^+ など，イオン化傾向が小さい金属イオンが存在すると，これらのイオンが還元され，金属が析出。

（例）　$Cu^{2+} + 2e^- \longrightarrow Cu$

② K^+ や Na^+ など，イオン化傾向が大きい金属イオンしか存在しないと，H_2O（酸性溶液では H^+）が還元され，H_2 が発生。

（例）（中性，塩基性）　$2H_2O + 2e^- \longrightarrow H_2\uparrow + 2OH^-$

（酸性）　　　　　　$2H^+ + 2e^- \longrightarrow H_2\uparrow$

●**陽極での反応**　最も酸化されやすい物質が電子を失う。

① 白金 Pt，炭素 C を電極にした場合は，

・Cl^- や I^- など，ハロゲン化物イオンが存在すると，これらのイオンが酸化され，ハロゲンの単体が生じる。

（例）　$2Cl^- \longrightarrow Cl_2 + 2e^-$

（例）　$2I^- \longrightarrow I_2 + 2e^-$

・ハロゲン化物イオンが存在しないときは，H_2O（塩基性溶液では OH^-）が酸化され，O_2 が発生。

（例）（中性，酸性）　$2H_2O \longrightarrow O_2\uparrow + 4H^+ + 4e^-$

（塩基性）　　　　$4OH^- \longrightarrow 2H_2O + O_2\uparrow + 4e^-$

② 白金 Pt，炭素 C 以外を電極にした場合，電極にした金属自身が酸化され，陽イオンとなって溶け出す。

（例）　$Cu \longrightarrow Cu^{2+} + 2e^-$

　　　$Ag \longrightarrow Ag^+ + e^-$

もっと詳しく

酸化アルミニウムの融点は約 2000℃ と非常に高い。氷晶石を融解し，その中に酸化アルミニウムを溶かすと，約 1000℃ で電気分解できる。

重要語句

電気分解（電解）

ここに注意

陽極では電極が金や白金以外の金属の場合，金属自体が酸化される。

教科書の整理　第3章

教科書の整理　第３章

b 電気分解の例

❶ **塩化銅(Ⅱ)水溶液の電気分解**　炭素棒を電極として塩化銅水溶液を電気分解すると，陰極では Cu^{2+} が e^- を受け取って還元され，銅が析出する。陽極では Cl^- が e^- を放出して酸化され，気体の塩素が発生。

❷ **水の電気分解**　水はイオンの濃度が低く，高い電圧をかけないと電気分解ができない。そのため，水の電気分解には，うすい水酸化ナトリウム水溶液や希硫酸を用いる。

　硫酸イオン SO_4^{2-} は酸化されにくく，ナトリウムイオン Na^+ は還元されにくので，水分子 H_2O が反応する。

❸ **溶融塩電解**　金属の塩や酸化物を加熱・融解し，これを電気分解して単体を得る操作。アルカリ金属やアルカリ土類金属，マグネシウム，アルミニウムなど，イオン化傾向の大きい金属の単体を得る際に用いる。

c 電気分解の工業的利用

❶ **アルミニウムの製造と溶融塩電解**　アルミニウムはイオン化傾向が大きいため，溶融塩電解によって単体を得る。

陰極　$Al^{3+} + 3e^- \longrightarrow Al$

陽極　$C + O^{2-} \longrightarrow CO + 2e^-$

　　　　または $C + 2O^{2-} \longrightarrow CO_2 + 4e^-$

❷ **銅の製造と電解精錬**　粗銅から純度の高い銅を得るために，陰極にうすい純銅板，陽極に粗銅板，電解液に硫酸銅(Ⅱ)の硫酸酸性溶液を用いて電気分解を行う。銅よりイオン化傾向が小さい金や銀はイオンとなって溶け出さず，単体のまま陽極の下に堆積する。これを陽極泥という。

陰極　$Cu^{2+} + 2e^- \longrightarrow \underset{\text{析出する銅}}{Cu}$

陽極　$\underset{\text{粗銅中の銅}}{Cu} \longrightarrow Cu^{2+} + 2e^-$

❸ **水酸化ナトリウムの製造**　炭素電極を用いて塩化ナトリウム $NaCl$ 水溶液を電気分解する。両電極間を陽イオン交換膜で仕切っておくと，陰極側の Na^+ と OH^- の濃度が高くなり，水酸化ナトリウム $NaOH$ が得られる(**イオン交換膜法**)。

陰極　$2H_2O + 2e^- \longrightarrow H_2 + 2OH^-$

陽極　$2Cl^- \longrightarrow Cl_2 + 2e^-$

もっと詳しく
水は電離度が小さく，電流が流れにくい。

重要語句
溶融塩電解

重要語句
陽極泥

⚠ここに注意
銅よりイオン化傾向が大きい亜鉛や鉄，ニッケルは，イオンとして水溶液中に残る。

d 電気分解の量的関係

❶ **電気分解の量的関係** 電気分解において，授受される電子の物質量は，両極で等しい。

❷ **ファラデーの法則** 電気分解では，変化する物質の物質量は通じた電気量に比例する。

・電気量〔C〕＝電流〔A〕×時間〔s〕

・**ファラデー定数**(記号 F)：電子 1 mol 当たりの電気量の大きさ。$F = 9.65 \times 10^4$ C/mol

もっと詳しく

1 C は，1 A の電流が 1 秒間流れたときの電気量。

実験・探究のガイド

| 教科書 p.171 | 🧪 実　験 | 4. 酸化還元反応 | 関連：教科書 p.165〜170 |

操作 の留意点

1．試薬は，皮膚や衣服につかないように注意する。付着した場合は，すぐに大量の水で洗い流すようにする。

2．過マンガン酸カリウム水溶液と過酸化水素水の反応の終点は，過マンガン酸イオンの赤紫色が消えた時点を終点とする。

考察 のガイド

考察 　 ① ①〜③から判断して，I_2，Fe^{3+}，Zn^{2+}，H_2O_2 を酸化剤として強いものから順に示せ。

② ③，④の各酸化還元反応を，イオン反応式で表せ。

① （強いものから順に）H_2O_2，Fe^{3+}，I_2，Zn^{2+}

　操作①の反応：$I_2 + Zn \longrightarrow ZnI_2$

　　　I の酸化数が 0 から −1 に減少し，Zn の酸化数が 0 から +1 に増加しているため，I_2 が酸化剤になっているとわかる。よって，酸化剤としての強さは，$I_2 > Zn^{2+}$

　操作②の反応：$2KI + 2FeCl_3 \longrightarrow I_2 + 2FeCl_2 + 2KCl$

　　　右辺のヨウ素 I_2 がデンプンと反応している。このとき，ヨウ化カリウムは還元剤として働いている。よって，酸化剤としての強さは，$Fe^{3+} > I_2$

　操作③の反応：$H_2O_2 + 2FeSO_4 + H_2SO_4 \longrightarrow Fe_2(SO_4)_3 + 2H_2O$

　　　試薬の色が無色から黄褐色に変化し，H_2O_2 が酸化剤として働いている。よって，酸化剤としての強さは，$H_2O_2 > Fe^{3+}$

　　　以上のことからまとめると，酸化剤としての強さは，強いものから順に，H_2O_2，Fe^{3+}，I_2，Zn^{2+}

2　③のイオン反応式：$H_2O_2 + 2H^+ + 2Fe^{2+} \longrightarrow 2H_2O + 2Fe^{3+}$

　　④のイオン反応式：$2MnO_4^- + 6H^+ + 5H_2O_2 \longrightarrow 2Mn^{2+} + 8H_2O + 5O_2$

　　③では，過酸化水素 H_2O_2 が酸化剤，硫酸鉄(Ⅱ)が還元剤として働いている。

　　　酸化剤：$H_2O_2 + 2H^+ + 2e^- \longrightarrow 2H_2O$　　　　…(a)

　　　還元剤：$Fe^{2+} \longrightarrow Fe^{3+} + e^-$　　　　　　　　…(b)

　(a)+(b)×2 により，$H_2O_2 + 2H^+ + 2Fe^{2+} \longrightarrow 2H_2O + 2Fe^{3+}$　となる。

　　④では，過酸化水素 H_2O_2 は通常酸化剤として働くが，過マンガン酸カリウムなどの強い酸化剤に対しては還元剤として働く。このため，以下のような反応が起きている。

　　　酸化剤：$MnO_4^- + 8H^+ + 5e^- \longrightarrow Mn^{2+} + 4H_2O$　　　…(c)

　　　還元剤：$H_2O_2 \longrightarrow O_2 + 2H^+ + 2e^-$　　　　　　　…(d)

　(c)×2+(d)×5 より，$2MnO_4^- + 6H^+ + 5H_2O_2 \longrightarrow 2Mn^{2+} + 8H_2O + 5O_2$

教科書 p.177　🧪 実験　**5. 金属の単体と金属イオンの反応**

操作 の留意点

1．試薬は，衣服や皮膚に付着しないように注意する。硝酸銀水溶液が皮膚につくと銀の微粒子で黒く染まり，このとき酸化作用により腐食性がある。

2．使用後の液体は，先生の指示に従って処分する。

3．鉄釘を希塩酸で洗ってから用いるのは，表面の亜鉛めっきなどの処理がされていたり，酸化被膜ができていたりすることの影響を取り除くためである。

考察 のガイド

（イオン化傾向の大きいものから順に）Zn，Fe，Cu，Ag

　　一般に，イオン化傾向が小さい金属のイオンが含まれる水溶液にイオン化傾向が大きい金属を入れると，イオン化傾向の小さい金属が析出し，イオン化傾向の大きい金属は陽イオンとなり溶け出す。実験においては，以下の反応がみられた。

　　$AgNO_3$ 水溶液に銅板を入れると，水溶液が青色に変化し，銅板のまわりには銀樹が析出した。このことから，銅が溶け出して銀が析出したとわかるため，イオン化傾向は Cu＞Ag の関係にあるとわかる。

　　$CuSO_4$ 水溶液に鉄釘を入れると，水溶液の青色が失われ，また鉄釘のまわりには銅が析出した。このことから，鉄が溶けだして銅が析出したとわかるため，

イオン化傾向は Fe＞Cu となる。

　ZnSO₄ 水溶液に鉄釘を入れると，何も反応は起こらなかった。このことから，イオン化傾向は Zn＞Fe であるとわかる。

　以上より，イオン化傾向は大きいものから順に Zn, Fe, Cu, Ag となる。

教科書 p.181　🧪 実 験　6. ダニエル電池

操作 の留意点

1. 試薬は，衣服や皮膚に付着しないように注意する。
2. セロハンチューブは，チューブの中にある硫酸銅水溶液から陰イオンである硫酸イオンを通し，またチューブの外にある硫酸亜鉛水溶液から陽イオンである亜鉛イオンを通す。これにより，陰イオンと陽イオンの比を一定に保つ働きをする。

考察 のガイド

考察　亜鉛と硫酸亜鉛をニッケルと硫酸ニッケルに変えるとどうなるか。

（例）亜鉛と硫酸亜鉛をそれぞれニッケルと硫酸ニッケルに変えても電池は働いた。しかし，その働きは低下した。

　ダニエル電池のような構造の電池では，2種の金属のイオン化傾向の差が大きいほど起電力は大きくなる。ここで，亜鉛と硫酸亜鉛をニッケルと硫酸ニッケルに変えると，銅とのイオン化傾向の差が，ニッケルのときの方が亜鉛のときよりも小さくなる。このため，電池の働きが低下し，起電力は小さくなる。

🔍もっと詳しく

ボルタ電池とダニエル電池

● ボルタ電池は，正極は銅板，負極は亜鉛板を使い，電解質水溶液には希硫酸（原理を発見したときは食塩水）を用いる。この電池は正極で還元反応が起こり，発生した水素が銅板のまわりに吸着する。このため，正極での反応が妨げられ，すぐに起電力が低下してしまう（電池の分極）という欠点があった。

● ダニエル電池は，正極は銅板，負極は亜鉛板を使い，正極側の電解液は硫酸銅水溶液，負極側の電解液は硫酸亜鉛水溶液を用いる。両極の電解液の間はセロハンや素焼き板などで仕切って，イオンだけが通過して電気的につながる。正極では，電解液中の銅イオンが還元されて銅として析出する。このため，水素は発生せず，ボルタ電池の欠点を補えるため，かつては実用電池としても用いられていた。

問のガイド

教科書 p.161 問 1　次の下線部の物質が酸化されたか，還元されたかを，酸素や水素の授受で説明せよ。

(1)　$\underline{Fe_2O_3}$ + 2Al $\longrightarrow$ 2Fe + Al_2O_3

(2)　$\underline{CH_4}$ + $2O_2$ $\longrightarrow$ CO_2 + $2H_2O$

(3)　H_2S + $\underline{Cl_2}$ $\longrightarrow$ S + 2HCl

(4)　H_2O_2 + $\underline{H_2S}$ $\longrightarrow$ $2H_2O$ + S

ポイント　酸素 O と結びつく，もしくは水素 H を失ったとき，物質は酸化されている。また，酸素 O を失った，もしくは水素 H と結びついたとき，物質は還元されている。

解き方　(1)　酸化鉄 Fe_2O_3 は酸素を失って鉄 Fe に変化するので，還元された。

(2)　メタン CH_4 は水素を失って二酸化炭素 CO_2 に変化するので，酸化された。

(3)　塩素 Cl_2 は水素と結びついて塩酸 HCl に変化するので，還元された。

(4)　硫化水素 H_2S は水素を失って硫黄 S に変化するので，酸化された。

答(1)　酸素を失っているので，還元された。

(2)　水素を失っているので，酸化された。

(3)　水素と結びついているので，還元された。

(4)　水素を失っているので，酸化された。

教科書 p.162 問 2　次の下線部の物質が酸化されたか，還元されたかを，電子 e^- の授受で説明せよ。

(1)　$2\underline{Na}$ + $\underline{Cl_2}$ $\longrightarrow$ 2NaCl　(2)　$2\underline{Mg}$ + $\underline{O_2}$ $\longrightarrow$ 2MgO

(3)　$\underline{Cu^{2+}}$ + $\underline{Zn}$ $\longrightarrow$ Cu + Zn^{2+}　(4)　$\underline{Cl_2}$ + $2\underline{I^-}$ $\longrightarrow$ $2Cl^-$ + I_2

ポイント　電子を失ったとき，物質は酸化されている。また，電子を受け取ったとき，物質は還元されている。

解き方　(1)　Na $\longrightarrow$ Na^+ + e^-，Cl_2 + $2e^-$ $\longrightarrow$ $2Cl^-$

Na は電子を失って酸化され，Cl_2 は電子を得て還元された。

(2)　Mg $\longrightarrow$ Mg^{2+} + $2e^-$，O_2 + $4e^-$ $\longrightarrow$ $2O^{2-}$

(3)　Cu^{2+} + $2e^-$ $\longrightarrow$ Cu，Zn $\longrightarrow$ Zn^{2+} + $2e^-$

(4) $Cl_2 + 2e^- \longrightarrow 2Cl^-$, $2I^- \longrightarrow I_2 + 2e^-$

答(1) Na は電子 e^- を失っているので，酸化された。Cl_2 は電子 e^- を受け取っているので，還元された。

(2) Mg は電子 e^- を失っているので，酸化された。O_2 は電子 e^- を受け取っているので，還元された。

(3) Cu^{2+} は電子 e^- を受け取っているので，還元された。Zn は電子 e^- を失っているので，酸化された。

(4) Cl_2 は電子 e^- を受け取っているので，還元された。I^- は電子 e^- を失っているので，酸化された。

教科書 p.164
類題 1

次の下線で示す原子の酸化数をそれぞれ求めよ。
(1) $\underline{N}_2$　　(2) $\underline{Fe}^{2+}$　　(3) $N\underline{O}_2$
(4) $H_3\underline{P}O_4$　　(5) $\underline{S}O_3{}^{2-}$　　(6) $HC\underline{O}_3{}^-$

ポイント　酸化数の総和＝全体の電荷

解き方　求めたい酸化数を x とおく。
(1) 単体を構成する原子の酸化数は 0 とする。
(2) 単原子イオンの酸化数は電荷と等しいため $+2$。
(3) 酸素原子 O の酸化数は -2 と考える。O を 2 つ含み，全体の電荷が 0 であるため，$x+(-2)\times2=0$　よって，$x=+4$
(4) リン酸イオン $PO_4{}^{3-}$ より，$x+(-2)\times4=-3$　　よって，$x=+5$
(5) $x+(-2)\times3=-2$　　よって，$x=+4$
(6) 水素 H の酸化数は $+1$ なので，$1+x+(-2)\times3=-1$
　　よって，$x=+4$

答(1) 0　　(2) $+2$　　(3) $+4$　　(4) $+5$　　(5) $+4$　　(6) $+4$

教科書 p.164
問 3

次の各変化で，下線で示す原子が酸化されたか，還元されたかを，酸化数の変化で説明せよ。
(1) $H_2\underline{O} \rightarrow H_2\underline{O}_2$　　(2) $KC\underline{l}O_3 \rightarrow KC\underline{l}$　　(3) $\underline{Cr}_2O_7{}^{2-} \rightarrow \underline{Cr}^{3+}$

ポイント　酸化数が増加していれば酸化。酸化数が減少していれば還元。

解き方　各化合物の下線で示した原子について，酸化数の変化を考える。

(1) $-2 \to -1$　増加(酸化)　　(2) $+5 \to -1$　減少(還元)

(3) $+6 \to +3$　減少(還元)

答 (1) 酸化数が -2 から -1 に増加しているので，**酸化された**。

(2) 酸化数が $+5$ から -1 に減少しているので，**還元された**。

(3) 酸化数が $+6$ から $+3$ に減少しているので，**還元された**。

教科書 p.167 問4　次の酸化剤・還元剤の働きを示すイオン反応式をつくれ。

(1) 酸化剤　$Cr_2O_7^{2-}$ が Cr^{3+} に変化する。

(2) 還元剤　H_2S が S に変化する。

ポイント　酸素原子を水 H_2O で合わせ，水素原子は水素イオン H^+ で合わせる。

解き方 (1)① 左辺に反応前の物質，右辺に反応後の物質を書く。

$Cr_2O_7^{2-} \longrightarrow 2Cr^{3+}$

② 授受された電子を書く。Cr(2つある)の酸化数は3減少している。

$Cr_2O_7^{2-} + 6e^- \longrightarrow 2Cr^{3+}$

③ 両辺の酸素原子の数が等しくなるように H_2O を加える。

$Cr_2O_7^{2-} + 6e^- \longrightarrow 2Cr^{3+} + 7H_2O$

④ 両辺の水素原子の数が等しくなるように H^+ を加える。

$Cr_2O_7^{2-} + 14H^+ + 6e^- \longrightarrow 2Cr^{3+} + 7H_2O$

(2) O が関与しないから，H_2O を書き加えず，H^+ に注目する。

① 左辺に反応前の物質，右辺に反応後の物質を書く。

$H_2S \longrightarrow S$

② 授受された電子を書く。S の酸化数は2増加している。

$H_2S \longrightarrow S + 2e^-$

③ 両辺の水素原子の数が等しくなるように H^+ を加える。

$H_2S \longrightarrow S + 2H^+ + 2e^-$

答 (1) $Cr_2O_7^{2-} + 14H^+ + 6e^- \longrightarrow 2Cr^{3+} + 7H_2O$

(2) $H_2S \longrightarrow S + 2H^+ + 2e^-$

教科書 p.169 問5　次の各物質の組み合わせで起こる反応を酸化還元反応の反応式で表せ。

(1) 硫酸鉄(Ⅱ)$FeSO_4$ と過酸化水素 H_2O_2(硫酸酸性)

(2) 硫化水素 H_2S と二酸化硫黄 SO_2

(3) 二酸化硫黄 SO_2 と二クロム酸カリウム $K_2Cr_2O_7$(硫酸酸性)

ポイント 酸化剤と還元剤で受け渡しする電子数は等しい。

問のガイド　第3章

解き方(1) 硫酸鉄(Ⅱ)は還元剤として働き，過酸化水素は酸化剤として働く。

$$Fe^{2+} \longrightarrow Fe^{3+} + e^- \qquad \cdots ①$$
$$H_2O_2 + 2H^+ + 2e^- \longrightarrow 2H_2O \cdots ②$$

①×2+② より，$2Fe^{2+} + H_2O_2 + 2H^+ \longrightarrow 2Fe^{3+} + 2H_2O$

(2) 硫化水素は還元剤として働き，二酸化硫黄は酸化剤として働く。

$$H_2S \longrightarrow S + 2H^+ + 2e^- \qquad \cdots ①$$
$$SO_2 + 4H^+ + 4e^- \longrightarrow S + 2H_2O \cdots ②$$

①×2+② より，$2H_2S + SO_2 \longrightarrow 3S + 2H_2O$

(3) 二クロム酸カリウムは強い酸化剤なので，二酸化硫黄は還元剤として働く。

$$SO_2 + 2H_2O \longrightarrow SO_4^{2-} + 4H^+ + 2e^- \qquad \cdots ①$$
$$Cr_2O_7^{2-} + 14H^+ + 6e^- \longrightarrow 2Cr^{3+} + 7H_2O \cdots ②$$

①×3+② より，(両辺に $2K^+$ と SO_4^{2-} も加える)

$$K_2Cr_2O_7 + 3SO_2 + H_2SO_4 \longrightarrow Cr_2(SO_4)_3 + K_2SO_4 + H_2O$$

答(1) $2FeSO_4 + H_2O_2 + H_2SO_4 \longrightarrow Fe_2(SO_4)_3 + 2H_2O$

(2) $2H_2S + SO_2 \longrightarrow 3S + 2H_2O$

(3) $K_2Cr_2O_7 + 3SO_2 + H_2SO_4 \longrightarrow Cr_2(SO_4)_3 + K_2SO_4 + H_2O$

教科書 **p.174**
類題 2

市販のオキシドール(過酸化水素 H_2O_2 の水溶液)を 10 倍にうすめた水溶液をつくり，そのうち 10 mL を硫酸酸性のもとで，0.020 mol/L 過マンガン酸カリウム $KMnO_4$ 水溶液を用いて滴定すると，22 mL を要した。市販のオキシドール中に含まれる過酸化水素のモル濃度は何 mol/L か。

ポイント 酸化剤が受け取る e^- の物質量＝還元剤が失う e^- の物質量

解き方 $$MnO_4^- + 8H^+ + 5e^- \longrightarrow Mn^{2+} + 4H_2O \qquad \cdots ①$$
$$H_2O_2 \longrightarrow O_2 + 2H^+ + 2e^- \qquad \cdots ②$$

①より，1 mol の過マンガン酸カリウム $KMnO_4$ が受け取る電子 e^- の物質量は 5 mol，②より 1 mol の過酸化水素 H_2O_2 が失う e^- の物質量は

2 mol である。市販のオキシドール中に含まれる H_2O_2 のモル濃度を x 〔mol/L〕とすると,

$$0.020 \text{ mol/L} \times \frac{22}{1000} \text{ L} \times 5 = \frac{x}{10} \text{〔mol/L〕} \times \frac{10}{1000} \text{ L} \times 2$$

よって,x〔mol/L〕$= 1.1$ mol/L

答 1.1 mol/L

教科書
p.177

問 6　次の組み合わせで実験を行った。化学変化が起こるものをすべて選び,その反応をイオン反応式で表せ。

(1) $CuSO_4$ 水溶液に鉄釘を入れる。　　(2) $ZnSO_4$ 水溶液に銅板を入れる。
(3) $AgNO_3$ 水溶液に亜鉛板を入れる。

ポイント

金属単体と金属イオン水溶液の反応　イオン化傾向 A>B のとき
金属Aの単体+金属Bのイオン ⟶ 金属Aのイオン+金属Bの単体

解き方 (1) Fe は Cu よりイオン化傾向が大きいので,水溶液中では,Fe は Cu より陽イオンになりやすい。Cu^{2+} を含む水溶液中に Fe を入れると,Fe は酸化されて Fe^{2+} となって,水溶液中に溶け出す。一方で Cu^{2+} は還元されて Cu の単体となり,析出する。

$$Fe + Cu^{2+} \longrightarrow Fe^{2+} + Cu$$

(2) Cu は Zn よりイオン化傾向が小さいので,化学変化は起きない。

(3) Zn は Ag よりイオン化傾向が大きいので,水溶液中では,Zn は Ag より陽イオンになりやすい。Ag^+ を含む水溶液に Zn を入れると,Zn は酸化されて Zn^{2+} となって,水溶液中に溶け出す。一方で Ag^+ は還元されて Ag の単体となり,析出する。

$$Zn + 2Ag^+ \longrightarrow Zn^{2+} + 2Ag$$

答 化学変化が起こるもの…(1)(3)
(1) $Fe + Cu^{2+} \longrightarrow Fe^{2+} + Cu$　　(3) $Zn + 2Ag^+ \longrightarrow Zn^{2+} + 2Ag$

教科書
p.179

問 7　鉄 Fe は高温の水蒸気と反応して四酸化三鉄 Fe_3O_4 になる。このときの化学変化を化学反応式で表せ。

ポイント　　**鉄 Fe と水蒸気 H_2O による反応である。**

解き方 四酸化三鉄 Fe_3O_4 には，酸化数 $+2$ の Fe と酸化数 $+3$ の Fe が物質量比 $1:2$ の割合で含まれている。

答 $3Fe + 4H_2O \longrightarrow Fe_3O_4 + 4H_2$

教科書
p.181
問 8

ダニエル電池で起こる全体の反応をイオン反応式で表せ。

ポイント 授受する電子の数に注目する。

解き方 ダニエル電池は負極と正極で以下の反応が生じている。

負極 $Zn \longrightarrow Zn^{2+} + 2e^-$ …①

正極 $Cu^{2+} + 2e^- \longrightarrow Cu$ …②

このとき，Zn は酸化され還元剤として働き，Cu^{2+} は還元され酸化剤として働く。授受する電子の数が等しいので，①＋②より，

$Zn + Cu^{2+} \longrightarrow Zn^{2+} + Cu$

答 $Zn + Cu^{2+} \longrightarrow Zn^{2+} + Cu$

教科書
p.182
発展問題1

鉛蓄電池の放電で，電子が $2.0 \, mol$ 流れたとき，両極板の質量はそれぞれ何 g 増加したか。また，水は何 g 生じたか。

分子量 $H_2O=18$，原子量 $Pb=207$，式量 $PbO_2=239$，$PbSO_4=303$

ポイント 電子 e^- が $2 \, mol$ 流れると，負極では $Pb \, 1 \, mol$，正極では $PbO_2 \, 1 \, mol$ が，それぞれ $PbSO_4 \, 1 \, mol$ に変わる。

解き方 電子 e^- が $2 \, mol$ 流れると，負極では Pb，正極では PbO_2 が，それぞれ $1 \, mol$ ずつ $PbSO_4$ に変化し，質量は次のように増加する。

$$\underset{\substack{1\,mol \\ 207\,g}}{Pb} + \underset{\substack{1\,mol \\ 239\,g}}{PbO_2} + \underset{2\,mol}{2H_2SO_4} \underset{\overset{充電}{\rightleftarrows}}{\overset{放電}{}} \underset{\substack{1\,mol+1\,mol \\ 303\,g+303\,g}}{2PbSO_4} + \underset{2\,mol}{2H_2O}$$

正極：$303-239=$ **64 g** 増加

負極：$303-207=$ **96 g** 増加

このとき，生じる水 H_2O（分子量 18）は $2.0 \, mol$ だから，

18 g/mol×2.0 mol＝36 g

答負極 96 g，正極 64 g，水 36 g

教科書
p.194

発展問題2

炭素電極を用い，塩化銅(Ⅱ)$CuCl_2$水溶液を電気分解すると，銅 Cu が 6.35 g生じた。このとき流れた電子は何 mol か。

ポイント　陰極での生成物と電子の物質量の比を考える。

解き方　塩化銅(Ⅱ)水溶液の電気分解における，各電極の反応は，

(陰極)　$Cu^{2+} + 2e^- \longrightarrow Cu$

(陽極)　$2Cl^- \longrightarrow Cl_2 + 2e^-$

陰極で，Cu(原子量 63.5)が 1 mol 生成するのに必要な電子は 2 mol である。Cu が 6.35 g 生じたから，このとき流れた電子の物質量は，

$$\frac{6.35 \text{ g}}{63.5 \text{ g/mol}} \times 2 = 0.200 \text{ mol}$$

答0.200 mol

教科書
p.195

発展問題3

次の各問いに答えよ。

(1)　0.500 A の電流を 1930 秒間流したとき，流れた電気量は何 C か。

(2)　2.00 A の電流を 32 分 10 秒間流したとき，流れた電子の物質量は何 molか。

ポイント　電気量〔C〕＝電流〔A〕×時間〔s〕，1C＝1A×1s
ファラデー定数 $F = 9.65 \times 10^4$ C/mol

解き方(1)　0.500A×1930s＝965C

(2)　32 分 10 秒は 1930 秒だから，$\dfrac{2.00\text{A} \times 1930\text{s}}{9.65 \times 10^4 \text{ C/mol}} = 0.0400$ mol

答(1)　965C　　(2)　0.0400 mol

教科書
p.195

発展問題1

白金電極を用い，水酸化ナトリウム NaOH 水溶液を 0.965 A の電流で 10分間電気分解した。次の各問いに答えよ。

(1)　この電気分解で流れた電子は何 mol か。

(2)　陰極，陽極で生じる気体の名称とそれぞれの物質量を答えよ。

ポイント

i〔A〕の電流を t〔s〕間通じると，

$$流れた電子の物質量〔mol〕 = \frac{it〔C〕}{9.65 \times 10^4 \text{ C/mol}}$$

解き方 (1)　10 分は 600 秒だから，$\dfrac{0.965 \text{ A} \times 600 \text{ s}}{9.65 \times 10^4 \text{ C/mol}} = 6.00 \times 10^{-3} \text{ mol}$

(2)　水酸化ナトリウム NaOH 水溶液を電気分解すると，ナトリウムイオン Na^+ は還元されにくいので，水 H_2O が反応して水が電気分解される。このときにおける，各電極で起こる反応は，

（陰極）　$2H_2O + 2e^- \longrightarrow H_2 + 2OH^-$

（陽極）　$4OH^- \longrightarrow O_2 + 2H_2O + 4e^-$

陰極で生じる水素 H_2 は，$6.0 \times 10^{-3} \text{ mol} \times \dfrac{1}{2} = 3.0 \times 10^{-3} \text{ mol}$

陽極で生じる酸素 O_2 は，$6.0 \times 10^{-3} \text{ mol} \times \dfrac{1}{4} = 1.5 \times 10^{-3} \text{ mol}$

答 (1)　$6.0 \times 10^{-3} \text{ mol}$

(2)　陰極：水素 $3.0 \times 10^{-3} \text{ mol}$，陽極：酸素 $1.5 \times 10^{-3} \text{ mol}$

章末問題のガイド

教科書 p.197

❶ 酸化剤と還元剤

関連：教科書 p.165〜172

次の□□□に適当な語句や数を記せ。

　二酸化硫黄 SO_2 は，反応する相手によって酸化剤・還元剤のどちらとしても働き，硫酸酸性の過マンガン酸カリウム $KMnO_4$ 水溶液に対しては□ア□剤として，硫化水素 H_2S に対しては□イ□剤として働く。H_2S との反応は次式で表される。

　　$SO_2 + 2H_2S \longrightarrow 3S + 2H_2O$

　この反応で，SO_2 に含まれる硫黄原子の酸化数は□ウ□から□エ□に変化し，□イ□剤である SO_2 は□オ□されている。

ポイント　酸化数が増加すると酸化されている，減少すると還元されている。

酸化剤は相手を酸化させ，自身は還元される。

還元剤は相手を還元させ，自身は酸化される。

解き方 (ア), (イ)　二酸化硫黄は主に還元剤として働くが，強い還元剤に対しては酸化剤として働く。

(ウ)～(オ)　反応式において，硫黄 S の酸化数を考える。反応式の左辺における S の酸化数を x とすると，二酸化硫黄 SO_2 では $x+(-2)\times 2=0$ が成り立つ。これを解くと $x=4$ より，左辺での硫黄原子の酸化数は $+4$ となる。右辺では，S は単体で存在しているから酸化数は 0 となる。なお，この反応式では SO_2 は酸化剤として働くから相手を酸化させ，自身は還元される。

答 (ア) 還元　　(イ) 酸化　　(ウ) $+4$　　(エ) 0　　(オ) 還元

---

❷ 酸化・還元の反応式
関連：教科書 **p.165～172,178**

教科書 p.166 の表 2 ～ 4 を参考に，次に示す酸化還元反応をそれぞれイオン反応式と化学反応式で表せ。また，酸化された原子，還元された原子とその酸化数の変化も示せ。

(1) 過マンガン酸カリウム $KMnO_4$ 水溶液と硫酸鉄(Ⅱ)$FeSO_4$ 水溶液(硫酸酸性)

(2) 銅 Cu と希硝酸 HNO_3

ポイント　イオン反応式は，酸化剤・還元剤の反応式から電子 e^- を消去した式。

解き方 (1)　過マンガン酸カリウムは酸化剤，硫酸鉄(Ⅱ)は還元剤として働き，以下のような変化が起こっている。

$$MnO_4^- + 8H^+ + 5e^- \longrightarrow Mn^{2+} + 4H_2O \qquad \cdots ①$$
$$Fe^{2+} \longrightarrow Fe^{3+} + e^- \qquad\qquad\qquad\qquad \cdots ②$$

①+②×5 によって両辺の辺々を足すと電子 e^- が消去できる。

$$MnO_4^- + 8H^+ + 5Fe^{2+} \longrightarrow Mn^{2+} + 4H_2O + 5Fe^{3+}$$

ここで，省略されていた K^+ を 1 つ，SO_4^{2-} を 9 つ加える。

$$KMnO_4 + 4H_2SO_4 + 5FeSO_4$$
$$\longrightarrow MnSO_4 + 4H_2O + \frac{5}{2}Fe_2(SO_4)_3 + \frac{1}{2}K_2SO_4$$

式の係数が整数になるように両辺を 2 倍する。

$$2KMnO_4 + 8H_2SO_4 + 10FeSO_4$$
$$\longrightarrow 2MnSO_4 + 8H_2O + 5Fe_2(SO_4)_3 + K_2SO_4$$

(2)　希硝酸は酸化剤，銅は還元剤として働く。

$$HNO_3 + 3H^+ + 3e^- \longrightarrow NO + 2H_2O \qquad \cdots ①$$
$$Cu \longrightarrow Cu^{2+} + 2e^- \qquad \cdots ②$$

①×2+②×3 によって両辺の辺々を足すと電子 e^- が消去できる。

$$3Cu + 2HNO_3 + 6H^+ \longrightarrow 3Cu^{2+} + 2NO + 4H_2O$$

ここで，省略されていた NO_3^- を6つ加える。

$$3Cu + 8HNO_3 \longrightarrow 3Cu(NO_3)_2 + 2NO + 4H_2O$$

答 (1) **イオン反応式**：$MnO_4^- + 8H^+ + 5Fe^{2+} \longrightarrow Mn^{2+} + 4H_2O + 5Fe^{3+}$

化学反応式：$2KMnO_4 + 8H_2SO_4 + 10FeSO_4$
$$\longrightarrow 2MnSO_4 + 8H_2O + 5Fe_2(SO_4)_3 + K_2SO_4$$

酸化された原子：Fe　　**酸化数の変化：+2 から +3**

還元された原子：Mn　　**酸化数の変化：+7 から +2**

(2) **イオン反応式**：$3Cu + 2HNO_3 + 6H^+ \longrightarrow 3Cu^{2+} + 2NO + 4H_2O$

化学反応式：$3Cu + 8HNO_3 \longrightarrow 3Cu(NO_3)_2 + 2NO + 4H_2O$

酸化された原子：Cu　　**酸化数の変化：0 から +2**

還元された原子：N　　**酸化数の変化：+5 から +2**

❸ 酸化還元滴定　　　　　　　　　　　　関連：教科書 **p.173, 174**

濃度未知の過酸化水素水 10 mL に，硫酸酸性で 0.10 mol/L 二クロム酸カリウム水溶液を 16 mL 加えると，過不足なく反応した。二クロム酸カリウムと過酸化水素のそれぞれの反応は次式で表される。この過酸化水素水の濃度は何 mol/L か。

$$Cr_2O_7^{2-} + 14H^+ + 6e^- \longrightarrow 2Cr^{3+} + 7H_2O \qquad H_2O_2 \longrightarrow O_2 + 2H^+ + 2e^-$$

ポイント 滴定の終点では，酸化剤が受け取った電子 e^- の物質量と還元剤が放出した電子 e^- の物質量は等しい。

解き方 求める過酸化水素水の濃度を x[mol/L]とする。ここで，問題文のイオン反応式(半反応式)から，$Cr_2O_7^{2-}$ が1 mol で e^- を 6 mol 受け取り，H_2O_2 が1 mol で e^- を2 mol 放出するとわかる。

$$6 \times 0.10 \,\text{mol/L} \times \frac{16}{1000}\,\text{L} = 2 \times x\,[\text{mol/L}] \times \frac{10}{1000}\,\text{L}$$

よって，x[mol/L]=0.48 mol/L

答 **0.48 mol/L**

❹ 金属のイオン化傾向 関連：教科書 p.176～179

4種類の金属A～Dについて，次の実験①～④を行った。

① A～Dの小片を冷水に加えると，Aのみが反応して気体が発生した。

② B～Dの小片を希塩酸に加えると，Bのみが反応して気体が発生した。

③ Cの硝酸塩の水溶液にDを加えると，Dの表面にCが析出した。

④ 表面をよく磨いたBとDの小片を濃硝酸に加えると，Dのみが反応して赤褐色の気体が発生した。

(1) A～Dをイオン化傾向の大きい順に並べよ。

(2) A～Dにあてはまる金属の例を1つずつ元素記号で答えよ。

ポイント イオン化傾向が大きい金属ほど，酸や水と反応しやすい。

解き方 (1) 金属は，イオン化傾向が大きいほど反応性が高い。①より，最もイオン化傾向が大きいのはAである。②により，2番目にイオン化傾向が大きいのはBである。③ではイオン化傾向が大きいDが溶け出し，Cが析出した。このことから，金属A～Dのイオン化傾向は A＞B＞D＞C

(2) Aは冷水とも反応する金属だから，Li・K・Ca・Na が考えられ，④ではBが濃硝酸との反応で不動態をつくっていると考えられることから，Al・Fe・Ni が考えられる。また，④で濃硝酸と反応していたことから，D は Cu が考えられる。最後に，C は D よりもイオン化傾向が小さい金属だから，Ag などの金属が考えられる。

答 (1) A＞B＞D＞C (2) A：Na B：Al C：Ag D：Cu など

❺ 酸化還元反応の進む向き 関連：教科書 p.170,176～179

次の反応がどちらの向きに進むかを［ ］に矢印を入れて示し，理由を説明せよ。

(1) $2KI + Cl_2$ ［ ］ $2KCl + I_2$ (2) $Cu + FeSO_4$ ［ ］ $Fe + CuSO_4$

ポイント イオン化傾向，酸化剤としての強さなどから考える。

答 (1) 矢印の向き：⟶

理由：酸化剤としての強さは，ヨウ素より塩素のほうが大きいため，塩素がヨウ化物イオンから電子を受け取るから。

(2) 矢印の向き：⟵

理由：イオン化傾向は Fe＞Cu なので，Fe のほうがイオンになりやす

章末問題のガイド 第3章

く，左辺のほうが化学的に安定だから。

---

❻ 酸化還元滴定の終点　　　　　　　　関連：教科書 p.173, 174

濃度既知のシュウ酸 $(COOH)_2$ 水溶液の一定量をコニカルビーカーに入れ，濃度未知の過マンガン酸カリウム $KMnO_4$ 水溶液をビュレットから滴下して，硫酸酸性で酸化還元滴定を行った。反応の終点はどのようにしてわかるか。50字程度で説明せよ。

解き方　　過マンガン酸カリウム水溶液は過マンガン酸イオンによって赤紫色になっているが，シュウ酸水溶液に滴下すると酸化還元反応によりこのイオンが反応し，赤紫色が消える。しかし，酸化還元反応の終点になると，過マンガン酸イオンが反応せずにそのまま水溶液に残るため，水溶液に赤紫色が残るようになる。この時点が反応の終点となる。

答 滴下した過マンガン酸カリウム水溶液の赤紫色が消えなくなり，水溶液全体がわずかに赤紫色を帯びる。(**47 文字**)

思考力を鍛えるのガイド

教科書 p.198

1 分子中の原子の酸化数　　　　　　　関連：教科書 p.163, 171

共有結合している原子の酸化数は，次の規則に従って考える。

・異なる原子間では，共有電子対は電気陰性度の大きい原子のほうへ偏る。
・同じ原子間では，共有電子対を各原子に均等に割り当てる。

例えば水分子 H_2O では，電気陰性度が $O>H$ なので，O-H 間の共有電子対は O 原子のほうへ偏っていると考える。このとき，O 原子は電子 2 個を受け取っており酸化数は -2，H 原子は電子 1 個を失っており酸化数は $+1$ となる。また，過酸化水素分子 H_2O_2 では，電気陰性度が $O>H$ なので，O-H 間の共有電子対は O 原子のほうへ偏ったと考え，H 原子の酸化数は $+1$ となる。同じ原子である O-O 間の共有電子対は均等に割り当てるので，O 原子は電子 1 個を受け取っていて酸化数は -1 となる。

次のメタノール CH_3OH，酢酸 CH_3COOH，エタン C_2H_6 の電子式を参考にして，炭素原子 A，炭素原子 B，炭素原子 C の酸化数を答えよ。ただし，電気陰性度は，$O>C>H$ である。

メタノール   酢酸   エタン

ポイント 電子を受け取ると酸化数が減少し，電子を失うと酸化数が増加する。

解き方 A　電気陰性度は O>C>H より，C-H 間の共有電子対は C に偏り，炭素原子Aは電子を3つ受け取る。また，C-O 間の共有電子対は O に偏り，A は電子を1つ失う。よって，酸化数は $-3+1=-2$ より，-2。

B　電気陰性度は O>C より，C-O 間の共有電子対は O に偏り，炭素原子Bは電子を3つ失う。また，同じ原子間では共有電子対を均等に割り当てる。よって，酸化数は $+3+0=+3$ より，$+3$。

C　電気陰性度は C>H より，C-H 間の共有電子対は C に偏り，炭素原子Cは電子を3つ受け取る。また，同じ原子間では共有電子対を均等に割り当てる。よって，酸化数は $-3+0=-3$ より，-3。

答 A：-2 B：$+3$ C：-3

2 ダニエル電池

関連：教科書 **p.181**

右図のダニエル電池について，次の各問いに答えよ。
(1) 両極で起こる変化を電子 e^- を用いた反応式で表せ。
(2) 素焼き板を通って，硫酸銅(Ⅱ)水溶液から硫酸亜鉛水溶液のほうへ移動するイオンを化学式で表せ。
(3) 水溶液の濃度を下表のように変えたとき，一番長く電流が流れるものはどれか。記号で答えよ。

	A	B	C	D
硫酸亜鉛水溶液〔mol/L〕	0.1	1.0	0.1	2.0
硫酸銅(Ⅱ)水溶液〔mol/L〕	0.1	1.0	2.0	1.0

(4) 素焼き板を取り除くと，電流が流れなくなる。その理由を40字程度で説明せよ。

ポイント ダニエル電池の仕組みを理解する。

解き方 (1)　イオン化傾向の大きい亜鉛が亜鉛板から溶け出し，放出された電子が銅板に向かって流れる。一方で，銅板では亜鉛板から流れ込んだ電子を硫酸銅(Ⅱ)水溶液中の銅(Ⅱ)イオンが受け取り，銅が析出する。

(2) 素焼き板を通って，硫酸イオン SO_4^{2-} は硫酸銅(Ⅱ)水溶液から硫酸亜鉛水溶液のほうへ移動し，その逆方向に亜鉛イオン Zn^{2+} が移動する。

(3) 硫酸銅(Ⅱ)水溶液では正極に銅が析出し，硫酸亜鉛水溶液のほうに硫酸イオンが流れ込む。一方で，硫酸亜鉛水溶液では負極から亜鉛が溶け出し，硫酸銅(Ⅱ)水溶液から硫酸イオンが流れ込んでくる。これらから，硫酸銅(Ⅱ)水溶液の濃度が大きいほうが長く電流が流れるとわかる。

(4) イオン化傾向は $Zn>Cu$ なので，素焼き板を取り除くと，亜鉛板の表面に硫酸銅(Ⅱ)水溶液中に含まれる銅(Ⅱ)イオンから銅が析出するようになるため，電子が導線を流れなくなる。

答 (1) 正極：$Cu^{2+} + 2e^- \longrightarrow Cu$　　負極：$Zn \longrightarrow Zn^{2+} + 2e^-$

(2) SO_4^{2-}　　(3) C

(4) 硫酸銅(Ⅱ)水溶液中の銅(Ⅱ)イオンが還元されて亜鉛板の表面に析出するから。(38文字)

巻末問題のガイド

教科書 p.199

1 物質の種類と分離

関連：教科書 p.16,56〜92,178

右表は，物質 A〜F の性質を示している。次の各問いに答えよ。

(1) 物質 A〜F は次のいずれかである。それぞれにあてはまる物質を選び，記号で答えよ。

(ア) 塩化ナトリウム　　(イ) 銅
(ウ) 水　　(エ) アルミニウム
(オ) ヨウ素　　(カ) 二酸化ケイ素

物質	融点(℃)	沸点(℃)	電気伝導性 固体	電気伝導性 液体	その他の特徴
A	660	2467	良	良	軽量で加工しやすい
B	801	1413	不良	良	—
C	114	184	不良	不良	消毒薬に用いる
D	1083	2567	良	良	合金は硬貨に用いる
E	0	100	不良	不良	—
F	1726	2230	不良	不良	—

(2) 物質 A，B にあてはまる性質を，次の(a)〜(e)より選び，記号で答えよ。

(a) 緑色の炎色反応を示す。　　(b) 黄色の炎色反応を示す。
(c) 固体より液体のほうが，密度が大きい。　　(d) 石灰水を白濁させる。
(e) 希塩酸に溶けるが，濃硝酸には溶けない。

(3) 物質 C，F はどの結晶に分類されるか。次の(a)〜(d)より選び，記号で答えよ。

(a) イオン結晶　　(b) 分子結晶　　(c) 共有結合結晶　　(d) 金属結晶

(4) 物質 B と C の混合物から，C を分離するにはどのようにすればよいか。20字程度で説明せよ。

(5) 物質 D が希硝酸に溶けるときの変化を化学反応式で表せ。

> **ポイント** イオン結晶は固体では電気を通さないが，液体になると電気を通す。
> 共有結合の結晶は非常に強く結びついているため，融点が高い。

解き方　(1)AとDはともに固体でも液体でも電気伝導性をもつことから，金属の銅かアルミニウムだとわかる。ここで，その他の特徴の内容から，銅がD，アルミニウムがAにあてはまる。次に，Bは固体と液体で電気伝導性が異なるという性質から，イオン結晶であるとわかり，塩化ナトリウムがあてはまる。電気伝導性をもたないC，E，Fのうち，Cは，消毒薬に使われているという性質からヨウ素，Eは融点と沸点の温度から水，Fは沸点と融点が非常に高い共有結合の結晶である二酸化ケイ素だと判断できる。

(2)A　アルミニウムは希塩酸には溶けるが，濃硝酸に入れると不動態になって反応が進まなくなる。

B　塩化ナトリウムにはナトリウムが含まれているため，炎色反応によって炎が黄色に変化する。

なお，緑色の炎色反応を示すのは銅，固体よりも液体のほうが密度が大きいのは水である。また，石灰水を白濁させるのはA〜Fに入っていないが二酸化炭素である。

(4)　Bの塩化ナトリウムとCのヨウ素の混合物からヨウ素を分離する方法である。それには，ヨウ素が昇華しやすいという性質を用いるとよい。したがって，混合物を加熱してヨウ素のみを昇華させ，気体になったヨウ素を冷却することで分離できる。

(5)　Dの銅が希硝酸に溶けるときの変化では，銅は還元剤として，希硝酸は酸化剤として働く。

$$HNO_3 + 3H^+ + 3e^- \longrightarrow NO + 2H_2O \qquad \cdots ①$$
$$Cu \longrightarrow Cu^{2+} + 2e^- \qquad \cdots ②$$

①×2+②×3 によって両辺の辺々を足すと電子 e^- が消去できる。

$$3Cu + 2HNO_3 + 6H^+ \longrightarrow 3Cu^{2+} + 2NO + 4H_2O$$

ここで，省略されていた NO_3^- を6つ加えると化学反応式が得られる。

答 (1)　A：(エ)　　B：(ア)　　C：(オ)　　D：(イ)　　E：(ウ)　　F：(カ)

(2)　A：(e)　　B：(b)　　(3)　C：(b)　　F：(c)

(4)　**混合物を加熱して発生した気体を冷却する。(20文字)**

(5)　$3Cu + 8HNO_3 \longrightarrow 3Cu(NO_3)_2 + 2NO + 4H_2O$

2 酸・塩基と酸化還元　　　関連：教科書 p.143〜151, 173, 174

シュウ酸二水和物 $(COOH)_2 \cdot 2H_2O$ の結晶を用いて，次の実験を行った。

[実験1]　0.100 mol/L のシュウ酸水溶液 10.0 mL を濃度未知の水酸化ナトリウム水溶液で滴定したところ，5.0 mL で終点に達した。

[実験2]　0.100 mol/L のシュウ酸水溶液 10.0 mL に希硫酸を加え，濃度未知の過マンガン酸カリウム水溶液で滴定したところ，20.0 mL で終点に達した。

(1)　0.100 mol/L のシュウ酸水溶液 100 mL をつくるのに必要なシュウ酸二水和物は何 g か。

(2)　実験1で使用した水酸化ナトリウム水溶液の濃度は何 mol/L か。

(3)　実験2では，シュウ酸と過マンガン酸カリウムはそれぞれ次のように働く。

$$(COOH)_2 \longrightarrow 2CO_2 + 2H^+ + 2e^-$$
$$MnO_4^- + 8H^+ + 5e^- \longrightarrow Mn^{2+} + 4H_2O$$

(a)　硫酸酸性の過マンガン酸カリウムとシュウ酸の酸化還元反応の反応式を書け。

(b)　使用した過マンガン酸カリウム水溶液の濃度は何 mol/L か。

(4)　実験1のような中和滴定で，シュウ酸が標準溶液として用いられる理由を，20字程度で説明せよ。

(5)　実験1では指示薬にフェノールフタレインを用いるが，実験2では指示薬は用いない。実験1，2における終点の色の変化をそれぞれ20字程度で説明せよ。

解き方　(1)　0.100 mol/L のシュウ酸水溶液 100 mL には，

$$0.100 \text{ mol/L} \times \frac{100}{1000} \text{ L} = 0.0100 \text{ mol}$$

よって，0.0100 mol のシュウ酸が含まれている。

ここで，シュウ酸二水和物 $(COOH)_2 \cdot 2H_2O$ のモル質量は 126 g/mol だからその質量は，

$$126 \text{ g/mol} \times 0.0100 \text{ mol} = 1.26 \text{ g}$$

よって，シュウ酸二水和物が1.26g 必要となる。水和物が水に溶けたとき，結晶水は加えた水とともに溶媒となり，水溶液の調製の操作ではそれらを合わせて体積を定めている。

(2)　実験1におけるシュウ酸と水酸化ナトリウムの反応は以下の化学反応式で表せる。

$$(COOH)_2 + 2NaOH \longrightarrow Na_2C_2O_4 + 2H_2O$$

この式の係数より，シュウ酸水溶液と水酸化ナトリウム水溶液が完全に中和している状態では，以下のようになる。

　　〔シュウ酸の物質量〕：〔水酸化ナトリウムの物質量〕＝1：2

これより，求める水酸化ナトリウム水溶液の濃度を x〔mol/L〕とすると，

$$1 \times x \text{〔mol/L〕} \times \frac{5.0}{1000} \text{ L} = 2 \times 0.100 \text{ mol/L} \times \frac{10.0}{1000} \text{ L}$$

これを解いて，x〔mol/L〕＝0.40 mol/L

(3)(a)　問題文のシュウ酸のイオン反応式を①，過マンガン酸カリウムのイオン反応式を②とすると，①×5＋②×2 より，

$$5(COOH)_2 + 2MnO_4^- + 6H^+ \longrightarrow 10CO_2 + 2Mn^{2+} + 8H_2O$$

省略していた K^+ を2つ，SO_4^{2-} を3つ足すと，酸化還元反応の反応式が得られる。

$$5(COOH)_2 + 2KMnO_4 + 3H_2SO_4$$
$$\longrightarrow 10CO_2 + 2MnSO_4 + 8H_2O + K_2SO_4$$

(b)　求める過マンガン酸カリウム水溶液の濃度を x〔mol/L〕とする。

　　問題文のイオン反応式より，過マンガン酸カリウムが1 mol で電子 e^- を5 mol 受け取り，シュウ酸は1 mol で e^- を2 mol 放出する。

$$5 \times x \text{〔mol/L〕} \times \frac{20.0}{1000} \text{ L} = 2 \times 0.100 \text{ mol/L} \times \frac{10.0}{1000} \text{ L}$$

これを解いて，x〔mol/L〕＝2.00×10^{-2} mol/L

答 (1)　**1.26 g**　　(2)　**0.40 mol/L**

(3)(a)　$5(COOH)_2 + 2KMnO_4 + 3H_2SO_4$
$$\longrightarrow 2MnSO_4 + K_2SO_4 + 10CO_2 + 8H_2O$$

(b)　**2.00×10^{-2} mol/L**

(4)　**化学的に安定で純度の高い結晶を得られるため。(22 文字)**

(5)　**実験1：水溶液全体が無色からわずかに赤みを帯びる。(21 文字)**
　　実験2：水溶液全体が無色からうすい赤紫色になる。(20 文字)

終章　化学が拓く世界

教科書の整理

A 化学と人間生活

①**安全な水をつくり出す技術**　日本の水道水は，直接飲めるほど安全である。この安全な水道水をつくるために，様々な化学の知識が使われている。

B 汚れを落とす技術

①**セッケンや合成洗剤の働き**　セッケンや合成洗剤に含まれる界面活性剤は，水と混ざり合わない油汚れを落とすのに活用されている。界面活性剤は水になじみやすい親水基と，水になじみにくいが油になじみやすい疎水基(親油基)からなる。このうち疎水基が油汚れと結びついて取り囲み，油を分離させて汚れを落とす。

②**洗浄剤や漂白剤の働き**　台所やトイレなどの水垢・排水溝の汚れを取り除く洗浄剤では，油汚れには塩基性の洗浄剤が用いられている。これは，油脂が塩基と反応すると分解するためである。漂白剤は，酸化還元反応によって汚れや色素を落としている。酸化剤を含む漂白剤は，油汚れを酸化して無色の物質に変えている。

③**使用量と効果**　洗剤は，適切な使用量までは濃度が大きいほど洗浄力が増大する。しかし，適切な使用量を超えると，界面活性剤の分子は疎水基を内側，親水基を外側に向けた球状の状態(ミセル)を形成し，洗浄力が増大しなくなる。

C 食品や健康を守る技術

①**食品の酸化防止剤**　食品が空気中の酸素によって酸化することを防ぐために加えられる物質。例えば，茶飲料が酸化することを防ぐため茶の成分より酸化されやすいアスコルビン酸(ビタミンC)が入れられている。

②**乾燥剤**　湿気に弱い菓子の袋に入っているシリカゲルはケイ素の酸化物であり，表面積が大きいことから水を吸着できる。よりしけやすい食品には，強い乾燥剤である酸化カルシウム(生石灰)が用いられる。

③**食品を守る膜**　食品用ラップフィルムはポリエチレンなどの高分子化合物からできている。これによって，食品の酸化や乾燥，においもれを防ぐことができる。

④**からだの機能を助ける膜**　内臓の機能が低下したとき，臓器の代わりとして人工臓器が使われる。人工腎臓では，血液が装置内の膜を通過するときに有害な物質や余分な水分を除去し，実際の腎臓と同じような働きをする。

問のガイド

巻末資料

巻末資料

教科書 p.206〜223

問のガイド

教科書 p.206
問 1

次の数値の有効数字は何桁か。

(1) 9.80 m　　　(2) 0.082 g　　　(3) $6.0×10^{23}$（個）

ポイント 有効数字とは，測定値のうちで信頼できる数字を指す。
小数点において，位取りの 0 は有効数字に含めない。

解き方 (1) 9.80 m という数値では，小数第 3 位以下の数値は信頼できないもの
の，小数第 2 位までの値は（末尾の 0 も）信頼できる。このため，整数と
小数第 2 位までの値，つまり 3 桁までが有効数字となる。

(2) 0.082 g という数値の有効数字をわかりやすく表すと，$8.2×10^{-2}$ g
という形で表せる。このとき，8.2 という数値について考えると，小数
第 1 位までが信頼できる値となる。このため，有効数字は 2 桁となる。

(3) $6.0×10^{23}$（個）のとき，6.0 の小数第 1 位までが信頼できる値である。
このため，有効数字は 2 桁となる。

答 (1) **3 桁**　　(2) **2 桁**　　(3) **2 桁**

教科書 p.207
問 2

有効数字に注意して次の計算をせよ。

(1) 縦 26.8 cm，横 3.2 cm の長方形の面積は何 cm^2 か。

(2) 10.55 mL，10.2 mL，11.1 mL の塩酸の合計の体積は何 mL か。

ポイント 掛け算・割り算では，有効数字の桁数が最も小さいものに合
わせる。足し算・引き算では，有効数字の末位が最も高い位
に合わせる。

解き方 (1) 26.8 cm×3.2 cm＝85.76 cm^2 であり，26.8 の有効数字は 3 桁，3.2
の有効数字は 2 桁である。よって，有効数字を 2 桁に合わせる。

(2) 10.55，10.2，11.1 では，末尾の位が最も高いのは小数第 1 位である。
よって，小数第 1 位に合わせる。これにより，

10.55 mL＋10.2 mL＋11.1 mL＝31.85 mL≒31.9 mL　となる。

答 (1) **86 cm^2**　　(2) **31.9 mL**